科學＋

心靈黑洞

─意識的奧祕─

臺大科學教育發展中心
探索基礎科學系列講座

主編｜洪裕宏・高涌泉

講者｜黃榮村・洪裕宏・杜培基・梁庚辰

葉素玲・謝伯讓・黃從仁・李國偉（自撰）

彙整｜游伊甄・洪文君・林雯菁

三民書局

國家圖書館出版品預行編目資料

心靈黑洞：意識的奧祕／洪裕宏,高涌泉主編；臺大科
學教育發展中心編著.－－初版一刷.－－臺北市：
三民,2019
　面；　公分.－－(科學⁺)

ISBN 978－957－14－6548－7　　(平裝)
　1.意識 2.科學哲學

176.9　　　　　　　　　　　　　　　　107022322

© 　心靈黑洞
　　　　　——意識的奧祕

主　　編	洪裕宏　高涌泉
編 著 者	臺大科學教育發展中心
責任編輯	紀廷璇
發 行 人	劉振強
發 行 所	三民書局股份有限公司
	地址　臺北市復興北路386號
	電話　(02)25006600
	郵撥帳號　0009998-5
門 市 部	(復北店)臺北市復興北路386號
	(重南店)臺北市重慶南路一段61號
出版日期	初版一刷　2019年1月
編　　號	S 300170

行政院新聞局登記證局版臺業字第〇二〇〇號

有著作權‧不准侵害

ISBN　978-957-14-6548-7　　(平裝)

http://www.sanmin.com.tw　三民網路書店

謹將此書獻給 謝豐舟教授 (1946–2018) ——
一位文藝復興人、腦科學教育的推動者

謝豐舟教授（左三）與「心靈黑洞：意識的奧祕」系列講座幾位講者的合影（左起梁庚辰教授、高涌泉教授、謝豐舟教授、陳一平教授、李國偉教授、黃榮村教授、葉素玲教授）

謝豐舟教授（中）與（左起）許炳堅教授、陳宜良教授、黃榮村教授以及洪裕宏教授一同聆聽講座

推薦序

心靈與意識是人類知識最神奇的疆界

在國立臺灣大學醫學系謝豐舟名譽教授的引介下，我於 2017 年 3 月至 6 月全程參與了每週六下午在臺大思亮館國際會議廳舉行的「心靈黑洞：意識的奧祕」系列演講。

每一場演講，均先由主持人高涌泉教授開場，他是物理系的資深教授暨臺大科學教育發展中心主任；接著由當天的學者專家做精闢的演講。最後是問答時間，問題先用書面提出之後由主持人綜合選取，其中也有經由網路觀眾遠距傳來的問題。現場的聽眾有國中生、高中生、大學生到研究生，以及已經進入職場的人士，可以說從 15 歲到 80 歲都有，涵蓋了各個年齡層。

每場演講都是豐盛的知識饗宴，大家經常意猶未盡，結束之後還捨不得離開。當我知道這些演講內容將被擴展、集結成書以饗廣大讀者時，欣然接受撰寫推薦序的邀請。

人類的知識可以大致分為 3 類，分別是已知、不知未知、與無知。在《論語》裡，孔子說過：「知之為知之，不知為不知，是知也。」指的是第一類與第二類的分別。孔子又說「未知生，焉知死？」指的是第二類與第三類的分別。已知的部分，對應的是各學系專業教科書裡的內容，一般來說有標準答案可以遵循。不知與未知的部分，對應的是學術論文、哲學領域以及多重選擇，需要讀者們去思辨其中的差異與奧祕。至於無知的部分，則包含了藝術與宗教等領域，就需要依靠天賦或者個人獨到的見解。

人類使用實數來處理現在的事物，依靠理性的「左腦」來計算；使用虛數來處理過去與未來的事物，依靠「心」來思考；用零來表達永恆的事，憑藉的就是「靈」了。

現代的教育教導學生們要「手、腦、心、靈」並用。根據心理學與腦神經科學的研究，人類的左腦善於處理理性的事物，主管計算與推論；右腦則善於處理感性的事物，主管思考、文學與藝術。《心靈黑洞——意識的奧祕》一書的出版，來的正是時候，能夠引導年輕人有系統的探討心靈與意識的領域。

另外，在 2016 年起，科技部大力推動「人工智慧」的發展，除了在大學的研究與教學之外，也認真的把人工智慧的相關課題推展到中小學去。不少年輕人很擔心未來的許多工作會被人工智慧所取代，對於前途感到茫茫然；覺得自己不努力不行，然而用傳統方式去努力也不會比較好。

因此在教育部「高等教育深耕計畫」的大力支持下，各大學院校無不卯足了全力為年輕人尋找新方法與新出路。長庚大學在 107 學年第二學期起便開設了「借力使力人工智慧」的現代跨領域通識課，讓全校學生都可以選修。教導學生們善用人工智慧與自然智慧兩者的精華相輔相乘，來超越人工智慧所帶來的挑戰。由習慣處理等式答案的簡單線性問題，勇敢的跨越到可以處理不等式或不確定性的非線性問題。

非常感謝本書主編洪裕宏榮譽教授與高涌泉教授，以及高水準的各章講者帶領大家深入探索心靈與意識這一塊人類知識的神奇新疆界！

長庚大學電子工程學系與資訊管理學系講座教授

許炳堅

附　註

　　臺大醫學系謝豐舟名譽教授曾被臺北市長柯文哲盛讚為「臺大醫院最有遠見的人」。謝教授大力協助「心靈黑洞：意識的奧祕」系列演講的進行，本來預定由他來撰寫本書的推薦序，可惜他於 2018 年 11 月初辭世，推薦序的撰寫就由許炳堅講座教授來接棒。

　　許炳堅教授畢業於臺大電機系，獲得了當年滿貫的 7 次書卷獎，是 180 位畢業生的第一名；然後獲得美國加州柏克萊大學電機博士學位。他先後在洛杉磯市的南加州大學擔任正教授與在舊金山灣區的矽谷高科技公司任職，其後於新竹科學園區的台積電公司研發組織擔任處長。許教授從 2016 年起擔任臺灣半導體產業協會的「產學校園大使」。目前為長庚大學的講座教授，並且是國立交通大學等 7 所大學的榮譽講座教授。他於 2006 年獲得教育部頒發的第一屆「教育奉獻獎」、2018 年獲得斐陶斐榮譽學會頒發的「傑出成就獎」，以及國際學會的許多獎項。

序

探索心靈的視界之外

大約在 2016 年的 4、5 月間，臺灣大學科學教育發展中心主任，著名的物理學家高涌泉教授，打了一通電話給我，希望我能為臺大科教中心的「探索基礎科學系列講座」規劃一個關於意識研究的系列演講，對象是喜歡科普的大眾。我從事意識研究超過 25 年，欣然接受這個任務。我記得高涌泉教授丟下一句話：「請你把臺灣研究意識的 A 咖學者找來。」後來我們的確邀請到了一個黃金陣容，A 咖雲集。然而礙於系列演講的人數限制，我們忍痛割愛了許多在這個領域無疑是傑出的學者。這個講座系列於 2017 年的春天舉辦，名為「心靈黑洞：意識的奧祕」。結束以後，大家偶爾聚在一起，覺得值得將演講內容集結出版，以饗未能到現場參與的科普愛好者。

人類雖然是演化發展史中的一個成員，但是與其他動物相當不一樣的地方是，人類會想去探索世界和試圖了解自己，並且想要知道人在自然秩序中的位置。簡單來說，人不會只滿足於求生存和繁殖下一代，還想了解世界是什麼？怎麼來的？人的心靈是怎麼一回事？心靈的意義與價值和物質世界的關係是什麼等等。啟蒙運動之後物理科學取得極大的進步，很自然的不管是科學或哲學，都想從物理科學的角度去探索心靈、意識與意義。這種物理科學的世界觀宰制了我們的知識界，使得關於人類意識的研究取得了極大的進展，尤其是在心理學、腦科學和醫學方面。

意識研究是一門很年輕的科學，國際意識科學研究學會首創於 1994 年。我從該學會創立之初就參與其間，並且於 2008 年在臺北負責主辦第 12 屆年會，可以說是在第一現場目睹近 30 年來國際意識科學研究的發展。雖然我們

對意識現象的了解有巨大的進步，但是誠如哲學家內格爾 (Thomas Nagel) 所言，用客觀方法研究意識固然能夠增進我們對意識的了解，但是因為意識經驗是主觀現象，這個主觀性 (subjectivity) 無法以客觀的標準作解釋，因此客觀的科學永遠會遺漏一個謎，即意識經驗到底是什麼之謎。

意識科學的發展其實非常坎坷。在 1990 年代之前，學界普遍認為科學不可能研究意識，因此期刊不會接受意識研究的論文，使得年輕學者找不到工作或拿不到終身職。所幸有 2 位諾貝爾生醫獎得主愛德蒙 (Gerald Edelman) 和克里克 (Francis Crick) 全心投入意識研究，才慢慢打開封閉的學術界，直到今天，不僅意識科學被接受為嚴謹的科學，報章雜誌等大眾媒體也常常有許多關於意識研究的報導。

我們希望這個探索講座系列能將意識科學最前線的新知帶給社會大眾。相信很多人不僅有興趣了解世界是什麼，也很想了解心靈與意識、了解自己的內心世界。這個講座由前教育部長黃榮村教授的導言開始，他將心靈與意識的奧祕稱之為「最後的疆界」。的確也是，有人認為了解了心靈就了解了世界，反過來，了解了世界也就了解了心靈；接著由我報告何謂最後的「疆界」──什麼是我？世界如何產生我？接著榮總精神科醫師杜培基從臨床醫學看人類意識的神經機制；臺大心理系的梁庚辰教授探討人與動物的情緒意識，認為意識並非全有全無的問題，動物多少都有某種程度的意識經驗；然後臺大心理系的葉素玲教授講述知覺 (perception) 與覺知 (awareness)，認為覺知（即意識）是一個「觀者」，而知覺方面則大多是無意識的，兩者合為知覺意識的雙重系統；交通大學應用藝術所的陳一平教授探討美感經驗，提到美

感意識是生來被體驗，而非被了解❶；杜克—新加坡國立大學的謝伯讓教授談為什麼有錯覺？臺大心理系的黃從仁教授探討機器人有無意識？他主張機器人有某種程度的意識；最後壓軸的是中央研究院的李國偉教授，介紹人工智慧的理論基礎，並比較涂林和葛代爾的學術性格差異，以及兩者對意識的看法。

　　這是一個很成功的探索系列，除了要感謝 9 位參與的學者，更要感謝高涌泉主任卓越的領導和幽默風趣的主持。還要感謝臺大科教中心的所有同仁，讓這個講座系列能完滿實施，並使其內容付諸出版。還有 2 位非常特殊、全程支持到底的臺大醫學院謝豐舟教授和長庚大學許炳堅教授，也在此一併致謝。

陽明大學心智哲學研究所榮譽教授

洪裕宏

---

❶ 本書未收錄陳一平教授的演講內容，有興趣的讀者可至臺大科學教育發展中心的 YouTube 頻道觀看演講影片：探索 17–6 講座：合一之美／陳一平教授 https://www.youtube.com/watch?v=gN8w9jwn1v0&list=PLRdfqg-vWyYl_lPRD9NZE YBAcbcAnSg8B&index=6

心靈黑洞
意識的奧祕

目 錄
CONTENTS

心靈與意識的奧祕
從日常生活開始，談心理科學的發展

講者｜中國醫藥大學生物醫學研究所講座教授　黃榮村

彙整｜游伊甄

心靈的奧祕：從日常生活談起

心靈 (mind) 和意識 (consciousness) 的奧祕，其實就存在於每一個人的生活之中，許多心理科學的基本問題，我們可以從日常觀察得來。例如看電影的經驗，你是不是曾在被電影感動到痛哭流涕的時候，環視左右卻發現身邊的朋友或情人，非常淡定；相反的，有時候親友哭得唏哩嘩啦，你卻覺得無動於衷呢？

但有時候卻發現，許多人可以都被同一部電影的某一個場景感動，如當我們看到貧困、飢餓的人，心有所感就如親臨其境，感動在這裡顯然是一個可以互相交換的經驗。但是如前所述，某些感動則又無法互通，像是電影觀眾們受到感動的場景互不相同。這種可以互通、互相交換經驗的感動，稱之為第三人稱 (third person) 經驗；而不能互通難以言說者，則是第一人稱 (first person) 經驗。由此可看出，我們日常所經驗到的各種現象，都有一些微妙難解之處，和現在科學上的意識研究議題息息相關。

除了「感動」之外，有些心理學家也喜歡討論「心理時空觀」問題，同樣也是隱藏在日常生活中的奧祕。不同於物理學家所談的時間和空間，心理學家探討的是主觀的時間和空間。怎麼說呢？例如霓虹燈其實是兩個高速運動的光點，在各自的位置上閃爍，但是主觀上我們會看到中間有許多光點在跑，在這裡的問題是，除了原有的兩個光點之外，其他光點其實並不存在於外界。這兩個存在的光點是定錨點，在兩個光點交互閃爍之間，時間誘發產生了主觀的空間事件。這是一種視覺上常見的錯覺。

除了時間會誘發主觀空間事件之外，空間同樣也會誘發時間的主觀事件。路過多年前曾經去過的地點或是一個「似曾相識」之處，回想起當年在這個地方（或類似地方）的傷心事，亦即忽然回想起從前，浮現出一連串曾發生過的事件。總的來說，對於心理上主觀的時空觀而言，時間與空間都不是獨

立的，與廣義相對論所說的類似。主觀的「心理時空觀」，也是心靈和意識領域研究的重要題目。在相對論中的時空糾纏力量來自重力，依此類比，可以考量主觀世界的時空糾纏係來自心靈意識力量，包括意識與無意識層面的神經激發，也就是一種心理重力 (mind gravity)。

作為全書開篇第一章，我們要談到涉及心靈與意識奧祕之心理科學的發展，大約可以從以下問題開始思考：我們如何思索人性中的黑暗力量？情緒具有非線性與難以計算性，無法預測，我們可以怎麼分析它？在同理與憐憫反應中，第三人稱與第一人稱經驗是什麼？人在做決定時有自主性嗎？自由意志是不是一種錯覺？心靈與意識具有基因基礎嗎？心靈與意識可以移植與複製嗎？世界上有鬼神嗎？

人性的兩種觀點

在進入下列幾個實質問題的討論之前，我們需要先介紹對於人性的兩種觀點：物理直覺和人間直覺。

物理直覺

物理直覺對於人性的觀點，認為人是宇宙或世界的一分子，所以，人的心理與行為應該完全受到描述世界的物理規律所決定，而具有下列特徵：

(1) 人的心理和行為之間具有因果關係，而且具備可預測性以及一致性。也就是說，人的行為應該像太陽一樣，每天都會以可預測的方式東升與西沉。

(2) 在物理現象中所找到的規律，例如能量守恆定律，應該可以使用在人類行為的詮釋上。

(3) 由組成成分整合出的物件，其所具有的秩序與功能，當亂度大量增加，乃至毀壞之後，就無法再回復原來狀態，這就像是印有文字的紙張燒成

灰之後，就沒辦法再回復到原本有字的狀態，這是一個不可逆的過程，是熱力學第二定律的預期。人死之後身體毀壞，依熱力學第二定律，沒辦法再回復原來身體所具有的秩序與功能，依此推論，不應該會有獨立存在的靈魂。

　　精神醫學家與心理學家佛洛伊德 (Sigmund Freud, 1856–1939) 依據其臨床經驗，參採上述第一項和第二項科學假說，認為人類潛意識的黑暗力量以因果方式且具有可預測性的方式，非常穩定的驅動著人類的外顯行為。

人間直覺

　　除了物理直覺之外，還有更普遍的「人間直覺」，這是一種流行的人性見解，它對人性的解讀如下：

　　⑴ 依照經驗法則判斷，人類行為經常受到黑暗的非理性力量所影響。例如，當今學術界還不太了解的「情緒」，它跟理性不同，情緒沒辦法用目前的線性方法數量化，因此難以求出極大值，所以也難以預測且有不一致性。凱因斯 (John Maynard Keynes, 1883–1946) 在 1936 年所提出的動物精神 (animal spirits)，談的就是認為人類情緒就像動物的本能，是一種非理性力量，但影響層面廣泛且重大。有論者指出歷史上 1930 年代經濟大蕭條和 2008 年的金融危機，應該都是這種非理性因素作用所造成的。

　　⑵ 人的所知所感細密而複雜，經常有第一人稱經驗，即便是親近的熟人都不一定能夠了解，那麼，又怎麼能夠跟著物理定律走呢？物理定律所描述的大部分都是人無法有意識性感知的部分，例如：腦內的細胞活動、視覺的神經生理歷程等等，這些生理現象的運作，基本上都不違背物理定律。但是我們在談論主觀感知時，就無法確知物理定律是否有道理了。

　　⑶ 人的心靈現象雖然是由身體所衍生，但具有獨立自主性，是一種具有因果力 (causal power) 的實存現象，而非隨身體存在的副現象 (epiphenomenon)，這麼說來，人類的自由意志應該不是一種錯覺，亦非受基因所決定。推論到極

端，既然心靈具有獨立性，死後並不排斥有獨立的靈魂繼續存在，有些人認為，這不單純是宗教信仰問題，靈魂應該是獨立的真實存在。

波蘭畫家伊戈爾默爾斯基 (Igor Morski) 所繪製的一幅畫作中（圖1–1），將人類頭腦內部畫成機械式的結構，裡頭有一個小人正在操作這些零件，我們可以思考在這幅畫中，他所採用的是物理直覺還是人間直覺？事實上，畫作視覺化的呈現了物理直覺和人間直覺這兩種想法的融合。

圖 1–1 伊戈爾默爾斯基的畫作示意圖

對於這兩種不同的人性觀點有了基本認識之後，接下來可以進一步討論我所擬定的人類心靈六大問題。

問題一：佛洛伊德 PK 當代科學家：人性、潛意識、夢

關於人類意識的發展，學術史上有幾個重要的提問：加州理工學院馬克斯・德爾布呂克 (Max Delbrück, 1906–1981) 提出，心靈怎麼可能從原本無生命、無心靈的宇宙中發展出來？心靈是從物質來的嗎？其次，依據達爾文 (Charles Darwin, 1809–1882) 的天擇說，心靈現象可以在穴居先祖中演化出來，但是，這個過程為什麼會發展出穴居生活所不太需要的抽象知識能力？以及，人類理解真理的能力是怎麼從物質裡面發展出來的？當代的佛洛伊德又進一步的追問：我們應當如何理解人性中的黑暗力量？

佛洛伊德主張，人性中的黑暗力量（潛意識）能夠驅動人類的心智表現，例如：夜夢、口誤、筆誤……，這些行為背後都有系統性原因。佛洛伊德將人性的黑暗力量，當成是驅動人類行為的充分條件。

當代科學對於意識經驗的研究，則著重於腦部生理現象，主張腦區關聯激發和神經線路的活躍這些現象，是產生心靈與意識的必要條件。

如果我們拿佛洛伊德和當代科學家做比較，誰比較高明？主張是充分條件的應該比主張必要條件的厲害，但問題是，主張必要條件的陣營能夠拿出資料與數據說明，但主張充分條件的佛洛伊德卻只能舉出臨床個案，再加上推論。因此這兩種取向的陣營，各有論述爭吵不休。

佛洛伊德在 1900 年出版《夢的解析》(*The Interpretation of Dreams*)，書中有兩大要點：

⑴ 夢是由想達到願望滿足的潛意識力量所驅動 (wish-fulfillment)。

⑵ 夜有所夢，必定在白天或以前有相關聯的事件未曾解決，因此透過偽裝在夢境中演出，以達到未完成願望之滿足。佛洛伊德由此出發，後續再發展出本我、自我、與超我的心靈結構理論。

佛洛伊德該一夢的理論，是建立在 19 世紀不完整的神經學知識之上，那時只知道神經元 (neuron) 有興奮功能，而沒有抑制功能的概念。因此依判斷，在當時已經流行的質量守恆定律影響下，佛洛伊德可能會認為如果沒有做功消耗掉這些能量，則依赫爾曼・馮・亥姆霍茲 (Hermann Von Helmholtz, 1821–1894) 的能量守恆原理，該能量應會延續到夜間，在意識控制力薄弱時跑出來，佛洛伊德稱之為「夢」，這是一趟滿足願望的歷程。

當今科學研究在 1950 年代已經知道，人類每天 4、5 個睡眠週期中，自動作夢時間（即快速動眼期，rapid eye movement, REM）總計一個晚上大約是 150 到 200 分鐘。但是，一年中能夠記住的夢相當少。再加上其他睡眠與作夢的相關研究，現在大概可以知道，無目的的「作夢」是原則，有動機的

「作夢」是例外。該一科學歸納的結果，顯然與佛洛伊德認為作夢大部分是有動機性的想法不符，因此有人認為佛洛伊德的作夢說，可以在此基礎上予以否認。有趣的是，以前一位很出名的科學哲學家也是一位出名的思想家卡爾‧波普爾 (Karl Popper, 1902–1994) 一直攻擊佛洛伊德的學說不具可否證性 (falsifiability)❶，因此是非科學的理論，這樣看起來，佛洛伊德有點被攻擊過頭了。

另一派研究者認為，我們一年作幾千個夢，有意義的夢境可能只有 5 個。然而這些少數的重要夢境，可能已經透露出這一個人一生的祕密。

問題二：脫韁野馬：非線性情緒和動物精神

古典的規範性經濟學認為，人類只依照經濟性動機行動，而且只依理性判斷來行動。凱因斯提出動物精神，用以說明人類非線性、難以預測之情緒的功用。動物精神泛指非經濟性動機與非理性行為，例如過度自信或缺乏信心，以及恐懼、風險趨避、反社會行為等，這是在不確定決策下深具影響力的黑暗力量。凱因斯這種想法，可以用來解釋 1930 年代的大蕭條與 2008 年的金融危機。但是在這方面卻所知甚少。

諾貝爾經濟學獎於 1969 年首次頒獎，直到 2017 年共 79 位得獎者，沒有一個人是因為研究動物精神的情緒機制而獲獎的，因為人類情緒很難用傳統數量化方式計算，因此也就難以求極大化，難以在選項之間選擇具有最大利益的選項，同時也難以預測。

---

❶波普爾認為可否證性的有無是科學主張與非科學主張之間的分界，真正的科學其結論必須容許邏輯上的反例存在。

這類狀況也發生在有關心理及人性研究的其他諾貝爾獎項上，兩位獲諾貝爾獎的心理學家赫伯特·西蒙 (Herbert Simon, 1916–2001) 與丹尼爾·康納曼 (Daniel Kahneman, 1934–　) 以及其他獲獎的行為經濟學家，都修正了規範模式系統下的理性概念，但還是沒有處理到深層的情緒問題。

也是諾貝爾獎得主的羅倫茲 (Konrad Lorenz, 1903–1989) 曾以狗為研究對象，觀察情緒與行動之間的非線性關係。狗在生氣時會張大嘴巴，衝出去咬人；在害怕的時候耳朵會下垂，轉身就跑。那麼，假設有一隻狗又生氣、又害怕，牠張大嘴巴、耳朵下垂，按照線性法則，則兩種情緒互相抵消，狗應該保持不動。但是，實際的情況是，狗會採取兩種行動之一：咬人或逃跑，而非保持靜止不動，但究竟應該是哪一種反應卻是無法預測的。由此可以發現，情緒力量具有非線性與非加法性質，難以預測。

類似情況也發生在人的集體行為上，幾位英國研究者測試克里斯多福·塞曼 (Christopher Zeeman, 1925–2016) 的劇變理論 (Catastrophe Theory)，用一整年的時間觀察監獄裡的犯人，比對兩組情緒狀態：「壓力、緊張與憤怒」以及「孤立、處罰與害怕」。犯人害怕是因為怕被關禁閉，憤怒是因為受到欺負。那麼當這兩種情緒都非常強烈又並存的時候呢？這個研究居然觀察到在這種又憤怒又害怕下的集體反應，那就是雖然沒辦法預測，但確實已經發生的集體暴動。

鐵板一塊：條件機率等於原來的機率

如果事件是以情緒為主，例如：不安全感，不信任，或者這個事件會誘發情緒，例如：社會正義、悲觀、恐懼的時候，就會進入「鐵板一塊的情緒作用」，難以溝通的狀態。這正是為什麼核電議題跟統獨議題都是鐵板一塊的道理。

臺灣早期曾經做過一個核四溝通效果的研究，受到科學界關注，被《科學》(*Science*) 期刊報導過。這個研究的背景是因為臺電要進行一項「核電溝通」計畫，啟動溝通之前，先找來一群人做問卷，詢問對核四的意見是贊成或反對，假設結果是半數贊成、半數反對。接著，開始進行溝通計畫，例如到國內各電廠或到日本參觀核電廠運作，到法國看核廢料與燃料棒的處理等。溝通計畫做了一年完成之後，對同樣這群人再進行一次後測問卷，結果大約全數維持同樣意見，還是半數贊成、半數反對，這一年好像不存在一樣。

科學界好奇的是，究竟在什麼條件下溝通才會有用？當人的信念與態度涉及強烈情緒時，可能就變成「鐵板一塊」，用微積分的概念來說，就是將人的信念對時間做微分時等於 0，亦即不會因為時間而改變。另外就是不管給多少資訊，原來的信念也不會受到影響，也就是該一信念在給予資訊下的條件發生機率，等於沒有給予資訊時的原來機率。亦即「鐵板一塊的情緒作用」並不隨時間而變化，也不因為證據或資訊而變化。精神疾病中常觀察到的偏執與妄想症狀，都具有這些特徵。

最後通牒實驗：情緒如何影響選擇

人類的情感與理智如何互動？一些研究者設計了「最後通牒實驗」(Ultimatum Experiment) 來探討這個問題。實驗的方法很簡單，找來兩位受試者，給 A 100 美元，由 A 決定要分多少給 B，如果 B 不接受，就要歸還 100 元，實驗結束。也就是如果 A 決定給 B 10 元，若 B 決定不接受，則兩個人都拿不到錢，實驗結束。如果你是 B，你覺得多少可以接受呢？

實驗的結果是，若給 10% 是絕對不能接受的，至少要給到 25%。人類在面臨一個不公平提議 (unfair offer) 時，選擇接受或是拒絕，會激發不同腦區的反應。選擇接受時，背外側前額葉皮質 (dorsolateral prefrontal cortex, dlPFC) 會因之激發，這是深思熟慮之處。若選擇拒絕，則在右腦島區

(R. insula) 與前扣帶回皮質 (anterior cingulate cortex, ACC) 有較大激發，所以此處可能是甜蜜的復仇產生之處（腦區位置見圖 1–2）。亦即，若 B 覺得受到不公平的待遇，他寧願不要這筆分到的錢，但同時讓 A 也拿不到一毛錢，依推論，大概從這種甜蜜的復仇上所獲得的快感，會大過分到錢帶給他的滿足。

有趣的是，假如 A 角色改由電腦擔任，受試者 B 知道自己是跟電腦做交涉，情緒波動就變得小很多，理性行為認為有總比沒有好的想法開始出現，這時若由電腦決定分 10 元給 B，B 也就接受了，因為 B 會說何必跟那個東西鬧脾氣。由此我們可以發現，理性跟情緒確實有著複雜的互動關係。

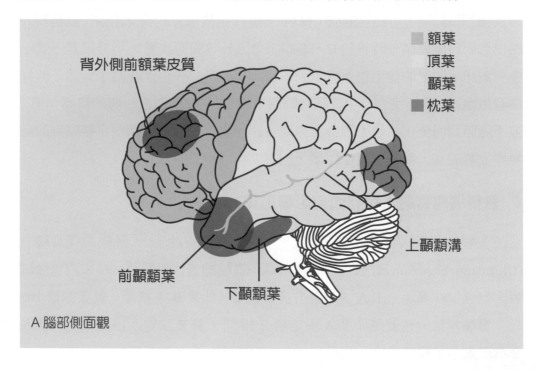

A 腦部側面觀

背外側前額葉皮質

額葉
頂葉
顳葉
枕葉

上顳顳溝

前顳顳葉

下顳顳葉

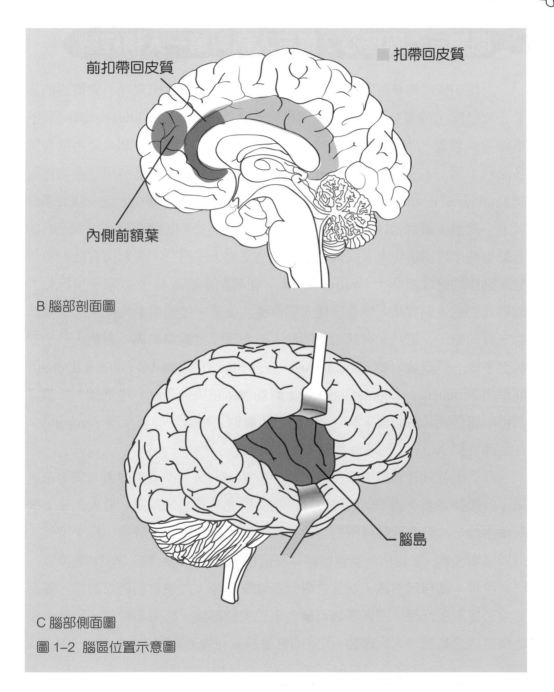

前扣帶回皮質

扣帶回皮質

內側前額葉

B 腦部剖面圖

腦島

C 腦部側面圖

圖 1-2 腦區位置示意圖

問題三：同理心？第三人稱與第一人稱經驗

人類如何能夠具有同理心呢？在意識經驗中，產生出同理心與憐憫的高階心理歷程，需要有一整套發展完全的社會性大腦 (social brain)，其發展階序如下：首先，下顳顬葉 (inferior temporal lobe)[2]，能夠辨認人臉手腳身體各部分；第二，上顳顬溝 (superior temporal sulcus, STS)，能夠辨認生物性運動 (biological motion) 及其組型。也就是說，在全黑的房間裡，有一個人手腳裝上小燈泡，觀察者只看得到小燈泡的光，看不到人的臉，但可以從光點的運動型態中辨別是男人、女人、老人或是年輕人。第三，人類擁有能夠模仿他人動作的鏡像神經元（mirror neuron，在前動作腦區）。例如猴子自己剝香蕉跟看到別人剝香蕉，鏡像神經元都會產生反應，這使得動物或人可以模仿第三者的動作。第四，有能力猜測他人的心思，這需要依靠「對他人的心理狀態形成一個理論」（Theory of Mind，在內側前額葉 (medial prefrontal lobe)、前顳顬葉 (anterior temporal lobe) 與上顳顬溝所組成的互聯神經網絡），讓我們可以讀懂別人的心理。第五，模仿與想像他人感覺的同理反應（empathy，在腦島區與 ACC）（腦區位置見圖 1–2）。

我們細究同理心與憐憫反應，其中有第一人稱（不可言傳者）與第三人稱（人類共通者）的不同經驗成分。為了研究同理心的作用，倫敦大學大學院曾進行一項社會神經科學的實驗，想回答上述問題。在研究中找來情侶，分別電擊他們，並使用功能性核磁共振儀器，觀察對方反應，測量神經影像。研究發現，當自己被電，腦部中兩個區域有反應；如果看到對方被電，僅有其中一處產生反應，這個區域可稱為第三人稱經驗。經由刪除法，另外一個區域可視之為第一人稱經驗。但這項實驗結果在複驗的時候，並非完全成功，

---

[2] 顳顬葉亦稱「顳葉」。

可能這類實驗的過程不夠穩定，無法每次都指向相同結論。這也說明了人類意識與心靈研究的難度。

總的來說，人類的同理心，只有在第三人稱的部分發揮作用。第一人稱的實際經驗，是無法透過旁觀獲得了解的，必須要自己身歷其境去嘗試了解。

問題四：人無自由意志？如何為行為負責？

從一項有趣的爭論開始思考何為自由意志：人類有教堂基因與自由意志基因嗎？有些人有教堂基因，所以會自動自發上教堂？我們若從「自由意志基因」這種講法來看，這是一個詭論，因為假如自由意志有基因，那就是意志不自由，終究是被基因所掌控，這種講法又違反了自由意志的常識性定義。

接下來我們要討論兩個極端的人性觀點：人沒有自由意志、人有靈魂。由此我們會衍生出幾個問題：人在做決定時是否有自主性？自由意志是一種錯覺嗎？

為探討自由意志，生理學家班傑明・李貝特 (Benjamin Libet, 1916–2007) 1983 年曾進行一項實驗。該研究在受試者腦部裝設電極，測量腦部活動。受試者手中有一個按鈕，他可以任意決定在何時按壓，但在決定要按壓之前，要先看一眼牆壁的鐘究竟跑到哪一個位置，以備事後報告。依據李貝特的講法，從腦波紀錄可以發現，受試者還沒有決定要按下按鈕的時候，也就是他還沒有清楚意識到自己決定要按下按鈕的時候，腦波活動就已經出現而且累增。想要去按鈕這個看似意識層面的自主決定，其實是受到做決定之前已經發展出來的腦波活動所影響，因之而產生的一個結果。也就是說，意識性的自主決定其實是一種副現象，並不是真正按鈕這個行動的因，這個因早在下決定之前已經在發展了。所以有研究者依此認定，所謂人有自由意志，事實上是一種錯覺。

這項研究引起相當多的討論。李貝特在《心智時間》(*Mind Time: The Temporal Factor in Consciousness*) 一書中提出一個討論，如一個人殺人，並不是他決定要殺，而是腦中無法意識到的腦波在活動，驅使他決定去殺人，而且真的做出殺人的行動。那麼，殺人者有罪，抑或無罪？

這涉及到什麼叫做意識？受試者清楚意識到內在意圖形成的瞬間，或說是內在意圖進入意識的瞬間，被當成是自由意志出現、存在的客觀指標。自由意志可以在行為發生之前出現，決定順從或是否決 (veto)。當你順著腦波活動，選擇殺人，那就是有罪；反之，當你否決了腦波活動，那就不會犯下殺人罪行。李貝特在這裡好像給自由意志留下了一個轉圜的空間，但在這種非常短暫的時間下，是很難做出否決之類的動作的。

如果將自由意志視為一種錯覺，這將衍生一個嚴重的問題：人怎麼樣為自己行為的對錯負責？在羅馬法系統將犯罪區分為預備犯 (intention) 與行為犯 (action)，如果意識上出現犯罪意圖 (conscious intention)，若你可以否決，選擇不行動 (veto the action)，則就只是預備犯而非行為犯。但在意識上已經決定要做什麼事時，選擇不行動經常是很困難的，例如：偏執狂、強迫症等。是否能夠歸責於不能被意識到的腦部準備電位 (readiness potential) 的作怪，來逃避個人責任？此外，像是精神耗弱得減其刑、心神喪失得免其刑、夢遊犯罪等情事，如何依比例原則追究個人責任？其神經生物學基礎為何？這些都是涉及法律實務的重要問題，也是很困難的問題，意識研究在這時就不只是理論而已，開始與法律等專業領域的判斷息息相關，但目前還不能說有什麼真正重要的合作成果。

問題五：心靈與意識可以移植和複製嗎？

根據分子生物學中心法則 (Central Dogma) 的說法，依序是 DNA 驅動 RNA、RNA 驅動了蛋白質，反之則不然，除非是極少數例外。人類後天發展出來的行為（與蛋白質之運作有關），則不能反轉錄到 DNA，遺傳到下一代。那麼，心靈與意識可以移植和複製嗎？弗朗西斯·克里克 (Francis Crick, 1916–2004) 寫了一本書《瘋狂的追尋》(*What Mad Pursuit: A Personal View of Scientific Discovery*)，他討論中心法則的同時，也主張心靈不在 DNA 裡面 (mind is not in DNA)。新達爾文主義仍相信中心法則，認為人類後天所獲得的性狀與能力無法遺傳。像是父親後天培養出來的勤勉節儉性格，是不會透過 DNA 遺傳到下一代身上的。

換個方式想這個問題，人工智慧 (artificial intelligence, AI) 能不能模擬人類的意識呢？雖然 Deep Blue❸ 曾在西洋棋上表現非凡，AlphaGo❹ 在圍棋上一路領先，但 AI 爭議仍在。我們回到 1950 年代西蒙與羅素 (Bertrand Russell, 1872–1970) 之對話，當時 AI 的「邏輯理論家」(Logic Theorist)❺ 程式，能夠在短時間內證明《數學原理》(*Principia Mathematica*)❻ 第二章前 52 個定理中的 38 個，而且其中一個證明（第 2.01 定理）甚至比原證更漂亮。

---

❸ 中文譯名深藍，是由 IBM 公司開發，主要設計者為臺大出身的許峰雄，專門用以分析西洋棋的超級電腦。曾在 1997 年 5 月擊敗西洋棋世界冠軍卡斯帕洛夫 (Kasparov)。

❹ 中文直譯為阿法圍棋，是於 2014 年開始由英國倫敦 Google DeepMind 開發的人工智慧圍棋軟體，其中一位主要設計者為出身臺師大的黃士傑。

❺ 1956 年紐厄爾 (Allen Newell, 1927–1992)、蕭爾 (John Clifford Shaw, 1922–1991) 和西蒙編寫的歷史上第一個模擬人解決問題的計算機程式。

❻ 由英國哲學、數學家羅素和其老師懷海德 (Alfred North Whitehead, 1861–1947) 合著，於 1910–1913 年出版，共分 3 卷，是關於哲學、數學和數理邏輯的巨著。

為此，AI 研究者西蒙寫了一封信給羅素，報告這項發現，羅素客氣的回信恭賀，但卻隱約透露，做得不錯，不過好像沒有新的發現。

西蒙在 30 幾年前就已指出，AI 要模擬人類高階能力，如問題解決、定理證明這些都比較簡單，反而在低階的感官能力上之模擬比較困難，例如圖形背景分離、人臉辨識、深度識別、與語音識別等。在人類心智研究上則有相反的情形，研究視覺聽覺的感官功能相對簡單，而研究高階問題解決能力較為困難。依現在的說法就是，人類與機器認知之間存在一種稱為莫拉維克悖論 (Moravec's paradox) 的現象，也就是電腦能輕易的執行一般人認為非常困難的計算作業，但在一些直覺性常識性作業上的表現，卻一塌糊塗。看起來過了 40 來年，這種狀況並未改變太多。羅傑‧潘洛斯 (Roger Penrose, 1931–　) 則提出一種「強 AI」(Strong AI，可以模擬心靈的 AI) 的主張，將這種強 AI 視為國王新心靈，類比於國王的新衣，指的是沒有心的國王，因為 AI 無法解決跨領域問題，也無法產生創意。這些當然都是 AI 的最後疆域問題，包括自主能產生情緒（而非依設定之算則）、創意、與問自己是誰 (self consciousness)，現在強求 AI 或依此批評 AI 並不公平，因為 AI 就實用功能而言，並無必要一定要照人的方式做，這樣做也不見得更有效能，若跳脫這種以人為本位的想法，其實現在的 AI 是厲害得不得了的。

問題六：心靈與意識研究的最後疆界

現在將問題推進到心靈與意識研究的最後疆界：靈魂。我們可以發現幾個基本問題，首先，如果心靈和身體 (mind-body) 不為一體，並且假設心靈可以獨立存在，那麼我們從神經生理討論人類意識，尋找意識相關神經區 (neural correlates of consciousness, NCC)，或是從腦區激發及神經生理立場來探討人類的心靈現象，都是沒有什麼意義的研究方式。

和意識相關的現象有三：其一，人死後是否有靈魂？這需要先假設心靈或意識可以獨立存在（但是心靈可獨立存在，不一定就表示人死後一定要有靈魂）。其二，對他人心理狀態之同理反應（第一人稱與第三人稱的意識經驗）。其三，意識與無意識之間的模糊地帶 (twilight zone) 以及清醒夢（vivid dreaming，這是一種人在無意識中的鮮明意識）。

　　美國麻塞諸塞州的黑弗里爾 (Haverhill) 有一位醫生麥克杜格爾 (Duncan MacDougall, 1866–1920) 在 1901 年提出，人死亡的瞬間量到的靈魂重量是 21 公克。但以狗做的實驗，則身體重量並無變化。這樣的對比好像在說人有靈魂但狗沒有靈魂，長久以來對於心靈和靈魂感興趣的各項研究各式各樣，但是並沒有什麼可信又令人驚艷的結果。

　　綜此，研究高級心理能力基礎的第一關，可否設定需研究人死後有無靈魂？心靈是否可獨立於身體而存在？看起來好像是應該先處理這類基本問題才對，不過依照過去長久的科學發展史與科學演化來看，當時機尚未成熟，知識與經驗都不足以處理這類問題時，還硬要處理否則不往下走，則應該會一事無成，所以也很少科學家做這種激烈的主張。

　　作為系列演講的導言，我們提出幾個值得深思的問題。克里克在改行做意識研究後，替意識研究開關了一條康莊大道，但他曾說過，我目前講的以後有很多可能會被認為是錯的，但是我們終於讓意識研究走出一條路來，往後的研究會讓大家對意識現象的了解，愈來愈正確。心靈與意識的奧祕存在於我們日常觀察可得的許多現象之中，期待有更多年輕研究者持續投入，一同前進。

◆ Crick, Francis. (1988). *What Mad Pursuit: A Personal View of Scientific Discovery*. New York, NY: Basic Books.

◆ Freud, Sigmund. (1900/1913). *The Interpretation of Dreams*. New York, NY: Macmillan.
（中譯本：賴其萬、符傳孝（譯）(1972)。《夢的解析》。臺北市：志文出版社。）

◆ Kandel, Eric. (2012). *The Age of Insight: The Quest to Understand the Unconscious in Art, Mind, and Brain*. New York, NY: Random House.

◆ Libet, Benjamin. (2004). *Mind Time: The Temporal Factor in Consciousness*. Cambridge, MA: Harvard University Press.

◆ Penrose, Roger. (1989). *The Emperor's New Mind*. Oxford, England: Oxford University Press.
（中譯本：許明賢（譯）(1993)。《皇帝新腦》。臺北市：藝文印書館。）

◆ Sanfey, A. G., et al. (2003). The Neural Basis of Economic Decision-Making in the Ultimatum Game. *Science, 300*, 1755–1758.

誰是我？我是誰？
世界如何產生我？

講者｜陽明大學心智哲學研究所榮譽教授　洪裕宏

彙整｜洪文君

「世界如何產生我？」在這裡，我們講的不是生物性的問題，而是一個有關主體性 (subjectivity)，或又稱為觀點 (point of view) 的問題。每個人對於同一個場景，都有各自的意義和解讀，各自的聽覺、視覺、觸覺、嗅覺、味覺等。這些感覺都專屬於你個人，沒有人可以代替你去感覺。這些主觀的感覺有高度的個人專屬性，不可轉移給他人。這些感覺都從你個人的觀點產生，觀點不可能共享。

「我是誰？」人體的細胞大約每 7 年會全部更新過一次，一個人從年輕到年老，還是同一個人嗎？就物理上來看是不同的。但是我們會認為是同一個人。我們藉著記憶建立自我故事。自我故事上的連續性及一致性形成人格的延續性，讓我們確認這是同一個人。

而關於「誰是我？」這個問題不只是科學問題，更是一個心靈探索與自我探索的哲學問題。在科學領域之外，這是個跟生命經驗息息相關的哲學問題。好的哲學必須站到科學的最前線，看最好的科學家可以告訴我們什麼，而不只是躲在哲學的世界裡發展自己的概念系統。哲學必須站在科學之前，因為各種不同的科學理論並不一定能回答哲學問題；哲學的另一個功能是建立一個研究規劃，重新架構我們看待、了解這些問題，以及處理這些問題的方法。

何謂意識

腦科學的發展在 20 世紀 90 年代逐漸成熟，以往被科學界嗤之以鼻的「意識」，也一躍而成了嚴格科學。有別於醫學上與清醒程度相關之「意識」，這裡談的意識著重感官知覺經驗，以及如何藉由觀點、主體性產生這些感知。我們老掛在嘴邊「非筆墨可以形容」，而意識科學中，確實有許多專家認為相較意識經驗的內容，再精準的語言也粗糙無比！同時，意識是主觀也是個人

的，且難以甚至無法轉移——「子非魚，焉知魚之樂！」說明了感官經驗的主觀性。

從腦的物理性質來看，它就只是一個重達 3 磅的物質，由很多的神經細胞、還有血管等構成的。從生物學家、腦科學家、神經科學家、物理學家的角度來看，物理的東西如何產生你我的主觀經驗、如何會有經驗的感質，可以用物理科學來解釋。然而看似進展神速的腦科學，卻難以解答複雜神經網絡所構成的「腦」，如何產生心靈或意識。神經網絡是物理的、物質的，而我們所謂的意識或心靈，卻是由「感質」(qualia)❶ 所構成。此二者間的關係究竟為何，哲學家在此提供了各種可能性：唯物論者認為世界只有物理的，沒有心靈這種東西；唯心論者則認為世界起於心靈的作用；而笛卡兒 (René Descartes, 1596–1650) 的二元論則主張這世界有心有物；另外，還有所謂的伴象論，主張心靈或意識是伴隨物理作用發生的，不具因果力的物理性質，如影子。於是乎，唯心論、唯物論、二元論、伴象論等，迄今爭論不休。隨著科學與科技的發展，主觀意識的產生，也有了諸多精巧的科學模型與學說來解釋。

大腦如何產生意識？

許多科學家與哲學家都認為，人的存在始於「意識」的發生。古人對意識產生的位置有諸多猜測，也曾認為人類的「靈魂」寄宿於心臟。近 5、60 年來，現代經驗科學主張意識是大腦的運作結果。主要兩位具指標性的學者為克里克及傑拉德‧愛德蒙 (Gerald Edelman, 1929–2014)，兩位都曾經是諾

---

❶ 哲學上為了深入探討人類的知覺意識現象，特別提出了「感質」這個詞，用來指人的知覺意識或感覺感受。哲學家試圖透過分析「感質」的特性，來了解意識現象的本質。

貝爾獎得主。愛德蒙的著作《大腦比天空更遼闊：揭開大腦產生意識的謎底》
(*Wider Than the Sky: The Phenomenal Gift of Consciousness*) 在臺灣有出版中
譯本，有興趣的讀者可以進一步閱讀這本書；而克里克提出腦部活動頻率
40–70 Hz 的腦神經活動就會產生意識。無論是主張特定區域之間的動態歷
程、或是神經細胞群在特殊頻率上的震動同步，學者們都認同「意識乃是根
基於大腦的神經機制所產生」。這兩種理論都不夠周延，但也都被吸納進更新
的理論中。

科學家如何解釋意識的產生？

目前最流行的 3 個理論有：

1. 法國神經科學家狄漢 (Stanislas Dehaene, 1965–) 的全腦工作平臺理論 (Global Neuronal Workspace Theory, GNWT)

主張大腦中存在一個如同黑板一樣的工作平臺。腦中各區域處理的訊息
彼此競爭進入平臺的機會。學說的支持者主張，未經過工作平臺的信息，就
不構成「意識」，只有進入工作平臺的訊息才能夠進入意識。各種知覺與工作
區域（如：聽覺區、運動區、推理思考）都與它有所聯結，進而行全腦的訊
息分享（圖 2–1）。

問題來了，腦中何處容納此一「平臺」？意識到底是發生在前腦還是後
腦？學界認為，目前在主司思考與判斷的「前腦」是占上風的。一般認為，
它是前額葉與頂葉間的一個腦區（圖 2–2）。

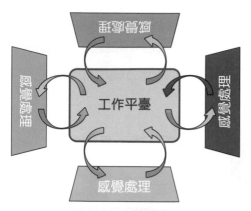

圖 2-1　全腦工作平臺理論

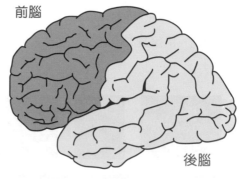

圖 2-2　人類大腦分區

　　意識真的是由平臺產生的嗎？這個理論引發了不少科學與哲學的討論。紐約大學哲學系教授布拉克 (Ned Block, 1942-　) 進一步區分意識為「取用意識」(access consciousness) 與「現象意識」(phenomenal consciousness)，這兩者發生在不同的腦區；前者是我們把它概念化、符號化，用來思考、推理的意識訊息，後者則是純粹的感質與經驗。比如我們看到一朵玫瑰，其香味、色彩、形貌，都透過知覺神經進入後腦，構成現象意識；但只有在我們試圖進行認知處理，例如與人分享，稱讚「玫瑰好美呀」等的時候，才動用到前腦，成就取用意識。

　　布拉克的理論取材著名的史柏林 (George Sperling, 1934-　)「全部報告」與「部分報告」實驗。實驗中，受試者觀看一串隨機、排成 3 行的字母，之後盡可能回憶所見。在「全部報告」實驗中，受試者觀看字母 50–100 毫秒後，幾乎所有人都只能回答出區區 4、5 個字母；而「部分報告」則是給受試者看完畫面後，會給予音調，提示稍後要求報告的字列（上、中、下），發現受試者都能準確的報告出來（圖 2-3）。布拉克認為，若非所有字母都「被看到」，不可能在事後提示時，報告出指定行的字母。因此，在「全部報告」實驗中，雖然因為短期記憶的限制，只有 4、5 個字母進入取用意識，但所有字

母也都有「被看見」。布拉克把全腦工作平臺理論修正為：「不能被報告的內容依然是被我們經驗到的，就算無法被認知系統用於思考和操作，仍屬於現象意識」。布拉克以此挑戰全腦工作平臺理論中，認為無法取用就不構成意識的說法。

圖 2-3　史柏林實驗

　　狄漢的學生庫維德爾 (Kouider) 則對理論做了一些修正。他認為，進入意識的內容，有高層次與低層次之分，非所有的意識經驗都會被以同等程度的使用。高層次意識經驗是你要去思考它、報告它，才會完整的進入你的意識。這同時也幫助說明了他在另一個爭議──「動物有無意識」──的立場：動物可能有較低層次的意識經驗、感官經驗、和環境調適互動的能力，以及有限的思考能力、概念能力。

　　如果布拉克是對的，現象意識與取用意識可以分開，那麼意識與認知功能就能獨立運作。不僅如此，純粹的意識經驗應該有自己的神經基礎，與認知功能的神經機制不同。因此，這就牽涉到意識發生在哪個腦區的問題（圖 2-4）。

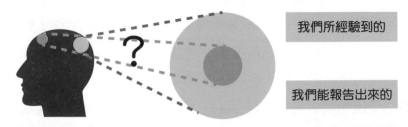

圖 2-4　意識發生在哪個腦區

另外，在臨床醫學中的麻醉狀態，患者雖然沒有取用意識，但卻有感官經驗，可以聽見別人講話，只是無法表達，這就是臨床上的閉鎖症候群 (Lock-in syndrome)。若是在手術麻醉中發生，醫生下刀時，病人實際上是痛不欲生的，卻苦無門路表達。這個現象似也駁斥了狄漢的「取用才構成意識」的說法。狄漢認為，要用到前腦才會產生意識，而布拉克認為，只要後腦有活化，就會有意識。

愈來愈多的實驗證據顯示：意識與選擇性的注意力可以獨立運作。這就是所謂的「雙重分離」(double dissociation)：一個人可能可以有注意力但沒有意識，或是有意識但沒有注意力。感官經驗並不一定要用到前腦。只有在需要思考、推理、報告的神經活動才會用到前腦。哲學家平日做太多符號化、概念化的理論思考，動用到的都是前腦，若缺少意識經驗的後腦參與，則後腦可能會有退化的情形。

而且，在那些不要求受試者做回應或報告的實驗中，前腦的神經活動顯著的下降。這顯示前腦神經網路的活動，可能只是受試者「報告」行為的神經基礎，並非真的與經驗的內容有關聯。

2016 年，克里克的學生神經科學家科赫 (Christof Koch, 1956–　) 與多位研究者共同指出：後腦的皮質區不僅在「非報告式實驗」中有顯著活動，該位置的神經活動甚至能預測受試者做夢的內容，例如臉、空間、移動等。這顯示後腦區域為意識神經關聯的「熱區」(hot zone)。

維克多‧拉梅 (Victor Lamme) 在 2006 年發表一篇文章，主張所有的經驗除了嗅覺以外都會先傳到視丘 (thalamus)，然後再從視丘傳播到各個其他的腦區。以視覺訊號為例，它會從視丘的外側膝狀核 (lateral geniculate nucleus, LGN) 再轉傳到視覺皮質層的視覺區 V1，依序往下傳，傳到 V2、V3、V4 等等。每一個視覺區負責不同的作用，比如：像 V1 負責線條的方向、V4 負責顏色，而梭狀回辨臉區 (fusiform face area, FFA) 則是辨識臉部的

區域，也就是說你在辨識朋友的臉或者你家人的臉時，就是用到這一區。在圖 2–5 中，我們可以看到有兩條路徑：下面的路徑叫做 what，負責處理你看到什麼東西；上面的路徑是 where，負責處理這個東西在哪裡。由這兩個視覺區一起合作，形成了人們的視覺經驗。拉梅的熱區理論實驗說明了：除了處理感覺經驗的後腦迴路，還有牽涉到前腦的大迴路，讓人有能力可以認知或者概念化，處理視覺的內容（圖 2–6）。

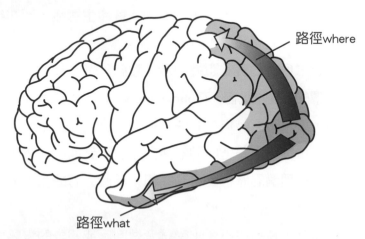

圖 2–5 視覺傳遞路徑

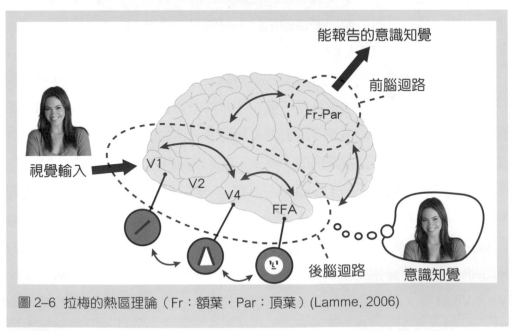

圖 2–6 拉梅的熱區理論（Fr：額葉，Par：頂葉）(Lamme, 2006)

2. 預測歷程理論 (Predictive Processing Theory, PPT)

　　主要的代表人物是安迪・克拉克 (Andy Clark, 1957–　) 以及卡爾・佛瑞斯頓 (Karl Friston, 1959–　)。他們由遺傳、演化觀點切入，主張：我們的心智能力是承襲人類自古以來，因應在地球上生活的需要，經過長期的演化，傳下來儲存在我們的基因圖譜、基因密碼裡面。因此，我們生來就具有生活在這個地球上所需的先天感官經驗的能力。當然，這樣承襲來的感官經驗、心智能力也有限，註定了我們或許永遠也無法全然理解宇宙。這個派別主張，當刺激來襲時，我們是以本身既有的概念做出預測，而非客觀的分析。當然，預測總有失誤的時候；此時，我們便會根據錯誤的經驗，修正概念庫，以期下一次可以做出精準的判斷。所謂的「意識經驗」，在他們的定義下，是外界刺激以及預測的歷程（包含預測錯誤的修正）（圖 2–7）。

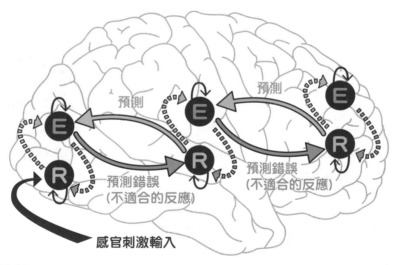

圖 2–7　預測歷程理論 (Stefanics et al., 2014)

3.訊息整合理論 (Integrated Information Theory, IIT)

這派學說計算系統的 Φ 值——計算系統零組件之間是否有訊息交換，再討論此交換是否為線性；他們主張，「意識」是可以量化的，且可以透過這個方法，應用在科技、醫療上。Φ 值大於零代表產生意識，Φ 值愈高代表意識愈強。計算 Φ 值可以用來預測或判斷一個系統的意識強弱。它的特色是用複雜的數學計算 Φ 值。只要一個系統的零組件之間的訊息交換，可以計算出非零的 Φ 值，這個系統就具有意識；也就是說，除了人之外，動物、無生物、機器人等，均可能有意識——因此，這一派的學者主張「泛靈論」的說法，但是泛靈論並非人人皆能欣然接受。持物理論世界觀的人多半無法接受萬物皆有靈（只要 Φ 值大於零）。雖然用「泛靈論」去解釋，很多問題迎刃而解，但是「泛靈論」本身還是需要一個嚴格理論，否則就太過空洞。不過對於有志發展人工智慧的學者而言，這個理論無疑帶來一些希望。

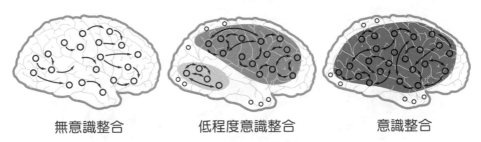

無意識整合　　　低程度意識整合　　　意識整合

圖 2-8　訊息整合理論 (Mudrik et al., 2014)

難解的問題 vs. 真正的問題

著名哲學家查爾默斯 (David Chalmers, 1966-　) 在 1995 年指出，研究意識所要回答的問題中，可區分為易解問題和難解問題，而目前的科學研究多只處理到易解問題。

易解問題包括：

◇　醒覺與睡眠時的區別

◇　對環境刺激的區辨、分類、回應能力

◇　訊息整合

◇　心理狀態的口語或動作報告

◇　注意力

◇　內心狀態的接近和取用

以上這些問題並不是真的容易，而是相對於難解問題，它們簡單多了。即使我們能回答所有易解問題、找出人類認知能力與其他意識經驗的神經關聯，卻終究無法解釋：為何是這種特定的組織功能產生意識而不是另一種？為什麼特定的神經活動，會讓我們感覺到疼痛，而不是舒服？以及，工作平臺理論解釋訊息爭相進入平臺就會有意識經驗；但哲學家查爾默斯會繼續追問：為什麼這樣就會產生意識經驗？腦細胞的作用都是電脈衝，為什麼在小腦的腦細胞產生的電化作用不會形成意識經驗，而在大腦的就會？這些問題，科學家們都沒辦法回答。自然科學與意識經驗之間，存在著一條解釋的鴻溝。

英國薩塞克斯大學教授阿尼爾‧塞斯 (Anil Seth, 1972–　) 提出 "The Real Problem"，真正的問題，主張我們不要像 Dehaene 否認存在難解的問題，也不要像查爾默斯只是陷在難解的問題之中，而是實際一點，去處理「真正的問題」。難解問題的核心在於科學家們無法處理意識經驗的兩個面向：感質以及主體性。我們應該把難解問題暫時擺一邊，先去解決目前科學可以處理的「真正的問題」。

以上 3 種主流理論都無法解釋為何特定的腦區作用就可以產生感質；目前的意識理論多聚焦在物理作用如何產生感覺，可是所有感覺、思考都是主觀的，都有一個感覺的主體「我」在經驗這些感覺。經驗必然是主觀的，沒有無主的經驗，也不會有客觀的感覺。

但是，在這全然客觀的物理世界中，如何產生主體、產生「我」，產生主觀性，產生觀點？紐約大學教授內格爾 (Thomas Nagel, 1937–　) 提出了一個著名的問題：作為蝙蝠的感覺像什麼？(What is it like to be a bat?) 他的答案是：我們不知道。因為那是蝙蝠的主觀經驗。就算是最厲害的蝙蝠學家，也不會知道。而即使同樣是「人」，他人的經驗，我們也無從體會；他人的觀點，我們也無法占有。這像形上學的「獨我論」所主張，你唯一能確定具有感官經驗主體的，就只有你自己。至於其他人是否有意識，你無從得知。

　　在論述主體性之後，內格爾進一步詢問：這世界如何產生「我」？產生「我的」觀點？他在 The View from Nowhere 中指出：主體性的存在，「作為客觀世界的一部分卻是一個難以理解的事實。亙古以來，並沒有一個東西是我，但在某個特定時間與位置，某個物理組織形成，突然間我就存在了，直到物理組織的消亡。這如何可能？」而物理組織消亡，「我」就不存在了嗎？如何可能有我？我為什麼不是活在 300 年前？為什麼我不是出生在波士頓？為什麼我不是出生在巴黎？為什麼我不是黑人？為什麼我長這種樣子？為什麼我在臺北，而且是在這個時刻？「為什麼這個時間點，我會在這裡？」為什麼是 "Here and Now"？為什麼不是 "There and Then"？物理學裡，沒有 "Here and Now"。我為什麼不是存在在 "There and Then"？為什麼不是存在在漢朝？為什麼不是俄羅斯或者西藏？

　　物理學無法解釋，科學也無從回答。而好的哲學家就是要站到科學的最前線，看科學家說了什麼，再從那裡做哲學論述。關於「自我」，有兩種論述。一種是三層自我理論，一種是基態網路。三層自我理論是神經內科學家達美西歐 (Antonio Damasio, 1944–　) 試著用腦神經解剖的概念建立「我」的概念。主張人有三層自我：原型自我 (Proto self)、核心自我 (Core self)、自傳式自我 (Autobiographical self)（圖 2–9）。

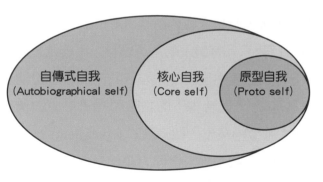

圖 2-9 三層自我理論

「原型自我」沒有意識，卻是建構自坐標系的神經生理基礎。由身體內在感覺 (interoception)、本體感覺 (proprioception) 及觸覺資訊所組成。相關腦區位於下視丘 (hypothalamus)、腦幹 (brainstem) 和腦島 (insula)。表徵身體的內在狀態，自動偵測體內變化、維持體內平衡和自體感覺。

比如像視覺的觀點，我們的腦神經運作機制如何在物理世界中建構一個時空坐標，是原型自我試圖回答的問題。在人的感官系統迴路裡，視覺跟聽覺會先繞道到腦幹再到視丘；而嗅覺則不經過視丘，直接到皮質層；只有視覺和聽覺兩條路徑會到腦幹，參與了原型自我，參與了本體感覺、內在感覺，加上其他的訊息整合，形成一個坐標系統，因而形成人們感覺、知覺時空上的一個中心點。關於「視覺神經參與了身體感覺知覺的定位」，最有名的例子是薩克斯 (Oliver Sacks, 1933–2015) 在《錯把太太當帽子的人》(*The Man Who Mistook His Wife for a Hat*) 這本書中有一章提到的「失去身體的女士」的案例。這位女士的病徵是無法感覺到自己的身體，也無法透過她的意志去移動自己的身體。可是她如果用眼睛看，就可以稍微恢復她對身體的控制跟平衡感。那是因為視覺訊號先傳到腦幹，參與了整個感覺知覺的定位，因此，人就有可能用視覺來協助他盲目的身體。

當外界刺激進入後，原型自我會調整自身的狀態和對自己的表徵，產生「核心自我」。核心自我只具有當下的意識經驗，不涉及短期記憶或回憶。換句話說，我們每分每秒都產生出新的核心自我，由視丘扮演主要角色。

以核心自我為基礎，配合當下的經驗和過去形成的情節記憶 (episodic memory)，我們的大腦會編織出一個一致的 (consistent) 自我故事，這就是我們的自傳式自我。關於「我是誰」這個問題就是在這個層次的問題。

腦部要將經驗形成記憶，海馬 (hippocampus)「貼時間標記」的功能扮演重要角色，海馬負責將經歷的感官知覺加上「時間標記」；人經常也就是以這些經驗記憶來定義自己，建立「我是誰」的人格等同依據。若海馬出問題，人們無法提取這些形塑自己人格的記憶，就會產生臨床上所說的「失智症」。

基態網路理論 (Default Mode Network Theory)

2009 年神經學家賴希勒 (Marcus Raichle, 1937-　) 提出這個概念：腦中有一個分散式的網路，涵蓋海馬、頂葉、顳葉以及前額葉，掌控與自我覺知有關的功能。賴希勒發現，這個網路特別的地方是：當我們接收許多外來刺激、從事思考、判斷與解決問題時，它的活化程度最低；但當大腦在發呆、休息、或專注於內心世界時（比如：靜坐冥想的狀態中），活性反而是最活躍的時候，有如大腦的待機狀態 (default mode)，故稱為「基態網路」。當基態網路一直處在活躍狀態，有毒的蛋白質就會比較集中累積在基態網路。反之，當我們接收許多外來刺激、從事思考、判斷與解決問題時，參與的腦區比較廣泛，毒蛋白質就會分散累積到各處去，有利於大腦排出毒蛋白質。因為阿茲海默症（失智症的一種）是自傳式自我出狀況，有毒的蛋白質集中累積在基態網路，不利大腦排毒。因此若要預防阿茲海默症，根據上面的推論，我們應該多從事各種腦力活動。

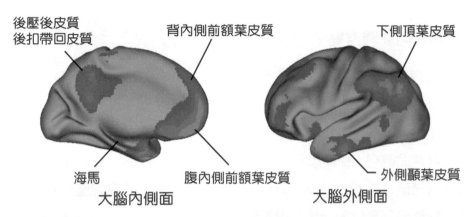

後壓後皮質
後扣帶回皮質　　　　　背內側前額葉皮質　　　　　　　下側頂葉皮質

海馬　　　　腹內側前額葉皮質　　　　　　外側顳葉皮質
大腦內側面　　　　　　　　　大腦外側面

圖 2-10　基態網路的腦區（後壓後皮質：posterior retrosplenial cortex, 後扣帶回皮質：posterior cingulate cortex, 背內側前額葉皮質：dorsol medial prefrontal cortex, 腹內側前額葉皮質：ventral medial prefrontal cortex, 下側頂葉皮質：inferior parietal cortex, 外側顳葉皮質：lateral temporal cortex）(Buckner, 2013)

主觀性如何產生？

　　腦神經科學家們將自我定位在大腦活動的工作，看似取得了相當的進展。然而，即使我們找到了與自我相關聯的腦區，依然無法解釋為何這些腦區的作用會產生「我」？最關鍵的問題是：「主觀性如何產生？」一個感覺、知覺的中心如何可能？

　　只有客觀的知識——包括所有科學知識，仍無法解釋主觀的自我。在內格爾的書 *The View From Nowhere*，陳述了這樣的困境：就算掌握了所有關於內格爾的客觀知識，也無法解釋「內格爾為何為內格爾」。假設你掌握了每一個人類的全部客觀知識，包括完整的大腦科學知識，你仍無法解釋是哪顆大腦產生了有主體性的自我：我。

觀點等同於時空點？

在物理學裡，沒有第一人稱，沒有 I、here、now，在沒有中心 (centerless) 的客觀世界觀裡，無論多完備，還是沒有「我」存在的空間。如果，把觀點等同於時空點呢？是不是可以找到出路？在廣義相對論裡，質量跟速度會彎曲時空。物理學家卡羅爾 (Sean Carroll, 1966–　) 從物理學出發，指出時空是個人的 (personal)：每個人在獨一無二的時空點經歷世界，這樣的經歷因物理限制形成獨一無二的觀點。

圖 2–11 中上下兩光錐交會的頂點就是現在，沿著中間的時間軸，下方光錐是過去，而上方光錐是未來。隨著時間軸往上延伸，光錐範圍內的，就是光速可達之處。每個人有每個人的光錐，在量子物理學裡，雖然人的質量會彎曲時空，但因人的質量相對於宇宙時空太小而往往忽略不計。

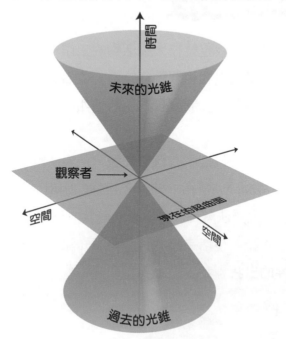

圖 2–11 物理限制下的獨特觀點

牛津大學物理學家潘洛斯發展了 OR Model (Objective Reduction Model)，客觀的量子崩陷模型；這個觀點主要是用來反對哥本哈根學派的主觀崩限說 (Subjective Reduction)。哥本哈根學派認為需要觀察者觀察以後才會崩陷到我們這個真實的世界；而潘洛斯認為不需要觀察者。就像在薛丁格 (Erwin Schrödinger, 1887–1961) 的貓的故事裡，貓既是死的也是活的。這兩個世界疊加在一起，但是你一旦去觀察它，其中一個世界就崩陷。於是你看到貓不是死的，就是活的，只有一個可能性。

可是潘洛斯認為不需要觀察者，只要這兩個疊加在一起的世界，時空差異到一定的值，它就會分裂，然後產生量子崩陷。這也就是他講的 "OR" 的意思。亞歷桑那大學神經科學家及教授史都華‧哈蒙諾夫 (Stuart Hameroff, 1947–) 則和潘洛斯合作，認為人的腦即是一個量子系統，的確有產生「客觀崩陷」的這個可能性。當這個世界的時空和那個世界的時空差異到一定大的程度以後，其中一個世界就會變成你的世界。

達摩祖師的名言：「未曾生我，誰是我？生我之後，我是誰？」我們出生之前是不存在的嗎？而我們死後就消亡不存在了嗎？這個問題很難回答。至於「我是誰」則相對容易得多了。「我是誰」可從三層自我理論的「自傳式自我」與「基態網路」的活動來理解。根據達美西歐的理論，腦中的海馬負責將我們的經驗印上時間標記，使我們在回憶時能夠依循編碼、準確的找出過往某時某地的回憶。而所謂的失智症則是海馬急遽萎縮或是出了嚴重問題。

關於 "I、here、now" 科學能夠回答嗎？這個已經到了人類理性悟性的最後疆界，會不會有答案，沒有人知道，也可能我們的世界觀根本都不對。訊息為基礎的物理學也許是值得嘗試的假說，這個說法源自著名的物理學家惠勒 (John Wheeler, 1911–2008)。他最有名的名言是 "It from bit"；It 是指世界的東西，而 bit 是電腦裡的訊息。在此他提倡了以訊息為基礎的物理學，當

中卻指出世界建立在「非物質」的訊息上。難道說，知名的物理學家留下的課題是「這個宇宙是由本質上非物質的訊息所構成的物理世界」？答案或許只有已故的惠勒本人可以揭曉了。

　　意識的探索似乎遊走在人類智慧的前線，而如此的探索究竟有否疆界？或許只有在不斷的往外推展疆界中，嘗試即令是最異端的假說，才得以逼近答案。

參考文獻

◆ 洪裕宏 (2016)。《誰是我？意識的哲學與科學》。臺北市：時報文化。

◆ Blackmore, Susan. (2018). *Consciousness: A Very Short Introduction*. Oxford, England: Oxford University Press.

◆ Bohm, David. (2002). *Wholeness and Implicate Order*. London, England: Routledge.

◆ Bohm, David. (2002). *The Essential David Bohm*. London, England: Routledge.

◆ Buckner, R. L. (2013). The Brain's Default Network: Origins and Implications for the Study of Psychosis. *Dialogues in Clinical Neuroscience, 15*(3), 351−358.

◆ Chalmers, David. (1997). *The Conscious Mind: In Search of a Fundamental Theory*. Oxford, England: Oxford University Press.

◆ Chalmers, David, & Dennett, Daniel. (2009). *Mind and Consciousness: 5 Questions*. Copenhagen, Denmark: Automatic Press.

◆ Crick, Francis. (1995). *Astonishing Hypothesis: The Scientific Search for the Soul*. New York, NY: Scribner.

◆ Damasio, Antonio. (2012). *Self Comes to Mind: Constructing the Conscious Brain*. New York, NY: Vintage.

◆ Damasio, Antonio. (2018). *The Strange Order of Things: Life, feeling, the Making of Cultures*. New York, NY: Pantheon.

◆ Dehaene, Stanislas. (2014). *Consciousness and the Brain: Deciphering How the Brain Codes Our Thoughts*. London, England: Penguin Books.

◆ Dennett, Daniel. (1992). *Consciousness Explained*. Back Bay Books.

◆ Edelman, Gerald, & Tononi, Giulio. (2001). *A Universe of Consciousness: How Matter Becomes Imagination*. New York, NY: Basic Books.

◆ Ford, Kenneth, & Wheeler, John A. (1998). *Geons, Black Holes, and Quantum Foam: A Life in Physics*. New York, NY: W. W. Norton & Company.

◆ Godfrey-Smith, Peter. (2017). *Other Minds: The Octopus, the Sea, and the Deep Origin of Consciousness*. New York, NY: Straus and Giroux.

◆ Koch, Christof. (2004). *The Quest for Consciousness: A Neurobiological Approach*. Greenwood Village, CO: Roberts & Co.

◆ Koch, Christof. (2017). *Consciousness: Confession of a Romantic Reductionist*. Cambridge, MA: MIT Press.

◆ Lamme, V. A. F. (2006). Towards a True Neural Stance in Consciousness. *Trends in Cognitive Sciences, 10*(11), 494–501.

◆ Mudrik, L., Faivre, N., & Koch, C. (2014). Information Integration Without Awareness. *Trends in Cognitive Sciences, 18*(9), 488–496.

◆ Libet, Benjamin. (2005). *Mind Time: The Temporal Factor in Consciousness*. Cambridge, MA: Harvard University Press.

◆ Sacks, Oliver. (2017). *The Rivers of Consciousness*. New York, NY: Alfred A. Knopf.

◆ Stefanics, G., Kremláček, J., & Czigler, I. (2014). Visual Mismatch Negativity: A Predictive Coding View. *Frontiers in Human Neuroscience, 8*(666).

◆ Tononi, Giulio. (2012). *Phi: A Voyage from the Brain to the Soul*. New York, NY: Pantheon Books.

◆ Nagel, Thomas. (2012). *Mind and Cosmos: Why the Materialist Neo-Darwinian Conception of Nature is Almost Certainly False*. Oxford, England: Oxford University Press.

從臨床醫學看
人類意識的神經機制

講者｜臺北榮民總醫院醫研部研究醫師、

　　　陽明大學心智哲學研究所副教授　杜培基

彙整｜林雯菁

研究意識的切入點很多，其中一個是從臨床研究著手。為什麼臨床醫學會跟意識研究扯上關係呢？主要原因是由於臨床上有許多疾病會影響病患的意識或知覺。本文將介紹 3 種不同類型的患者，包括猝睡症，植物人，以及先天失明者，並且介紹意識研究從這些病患的身上得到了哪些進展。

意識狀態的分野

臨床研究的第一步，就是先確認病患的意識狀態歸屬於哪一個類別。目前臨床上所使用的分類方式由比利時一位長期研究植物人的神經學家洛瑞斯 (Steven Laureys, 1968–　) 所提出（圖 3–1）。在這個分類方式中有兩個向度，一個是清醒程度 (wakefulness)，一個是意識的內容 (awareness)。雖然說一般人在清醒的時候可能意識內容也相對的豐富，但其實這兩個向度並不是連動的，並不是說清醒程度高，意識內容就一定豐富，而是有各種不同的組合。比方說一個人可以很清醒，但意識內容一片空白，像植物人就處於這種狀態。

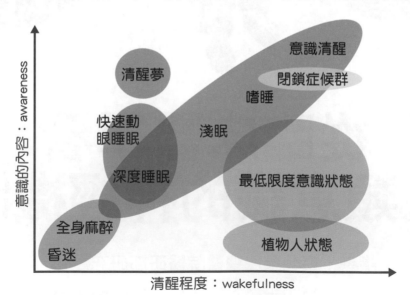

圖 3–1 臨床意識狀態的分類

植物人也會有睡眠週期，也會有醒來跟睡覺的兩種狀態，但當他們醒著的時候其實是沒有任何意識內容的。另一個極端的例子，是一個人也可以處在清醒程度很低但意識內容又十分豐富的狀態，作夢就是一個例子。

當我們依照分類方式區分不同病患的意識狀態之後，就可以輕易辨識出哪些疾病會導致相似的意識狀態，以及不同疾病所引發的意識狀態之間的異同。根據這樣的分類，當我們尋得每個疾病的病因之後，就有機會發現與意識相關生理機制的線索。

腦部結構

在介紹 3 種疾病和它們的生理機制之前，為了幫助各位讀者接下來的理解，必須先簡單介紹一下腦部的結構。

圖 3-2 所呈現的是腦部的縱向剖面圖，如果我們把一個大腦切成左右兩半，就會看到這樣的剖面。首先，在很下面的地方是所謂的腦幹，腦幹與意識非常相關。一般而言，如果說有人昏迷了，或是中風以後失去意識，那很有可能都是腦幹出了問題。腦幹的位置往上是下視丘，下視丘再往上就是視丘。視丘和許多皮質都有廣泛的聯結，而且它還是大腦皮質接收知覺的「轉運站」。

皮質是對意識而言非常重要的區域，皮質又分為額葉、頂葉、顳葉、枕葉。顧名思義，額葉是在前端，靠近額頭的那一區，而枕葉則是靠近後腦勺的那一區，顳葉位於左右兩側靠近耳朵的位置。枕葉和顳葉是和知覺比較有關係的腦葉，視覺皮質位於枕葉，而聽覺皮質位於顳葉，它們原則上專門負責接受、處理特定知覺訊息。除了和知覺比較有關的皮質外，還有所謂的「關聯皮質」。關聯皮質並不局限於只處理某類知覺訊息，它們負責的是較為高端、抽象層次或概念的處理。

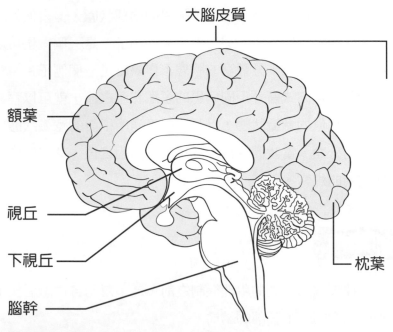

大腦皮質

額葉

視丘

下視丘

腦幹

枕葉

圖 3-2 腦部結構剖面圖

猝睡症

　　接下來首先要為各位介紹的第一類與意識研究相關的疾病，就是猝睡症（Narcolepsy，又譯為嗜睡症）。這部分的內容包括猝睡症的症狀，還有這個疾病的歷史，當然還有臨床研究工作者在努力了 100 多年以後，我們目前對於猝睡症的病因和機轉的了解有多少，以及猝睡症的研究讓我們對意識多了多少認識。

猝睡症的症狀

1880 年，猝睡症這個名詞首度出現在歷史上。為這個疾病命名的，是法國醫師熱利諾 (Jean-Baptiste-Édouard Gélineau, 1828–1906) （圖3–3）。猝睡症在歐美的盛行率約為5/10000，一般多於青少年時期發病。其主要症狀包括：

⑴過度的睡意 (excessive sleepiness)——總是覺得疲倦、白天嗜睡。

⑵猝倒 (cataplexy)——短暫的肌肉張力喪失，導致病患突然就倒下，尤其是情緒高昂時容易發生。

⑶將睡未睡之幻覺 (hypnagogic hallucination)——在即將入睡或是剛醒過來時出現幻覺，但一般人也會有這樣的經驗。

圖 3–3
為猝睡症命名的法國醫師熱利諾
(Wikimedia Commons)

⑷睡眠麻痺 (sleep paralysis)——人們睡覺時，肌肉張力會被抑制，所以即使在夢中拳打腳踢，現實生活中我們的肢體並沒有真的在運動。如果遇到剛醒過來但肌肉張力的抑制還沒被解除，就會有明明人是清醒的卻不能動的現象，也就是俗稱的鬼壓床。這在一般人身上就會出現，不過猝睡症患者的頻率比較高。

⑸被切割的夜間睡眠 (sleep fragmentation)——病患即使真正入睡，睡眠也不穩定，會時常醒來，導致睡眠被中斷。

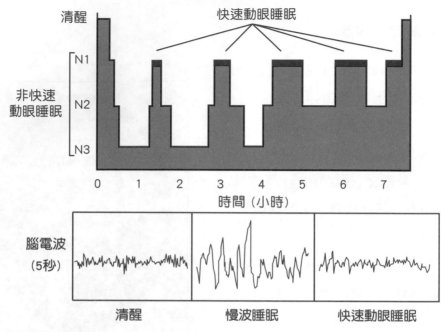

圖 3-4　睡眠週期 (Scammell et al., 2017)

　　如果說清醒和睡著是兩種不同狀態的話，那我們多數人每天都會在這兩種狀態之間切換，只是當我們切換到任一種狀態之後，會穩定的維持在該狀態一段時間（至少幾個小時）之後，才慢慢切換到另一種狀態。但是猝睡症患者在兩種狀態之間的切換是非常不穩定的，像是當一般人睡著時，並不會像猝睡症患者一樣馬上進入快速動眼期，而是會經歷輕度睡眠和深度睡眠（慢波睡眠）之後，才進入快速動眼期，而且通常這時候距離剛開始睡覺，已經過了一個半小時之久了（圖 3-4）。

　　另一方面，一般人晚上的睡眠會由數個睡眠週期所組成，一個睡眠週期會包含前面所提到的輕度睡眠、深度睡眠和快速動眼期。一個睡眠週期結束以後又緊接著下一個，就這樣循環了 4、5 次以後，才會進入清醒狀態。但猝睡症患者不但會很快的就從清醒狀態進入快速動眼期，還會很輕易的從睡眠週期中回到清醒狀態，導致他們的睡眠被打斷。

睡眠和清醒之間的切換——下視丘

前面提到猝睡症患者無法長期穩定的維持在清醒或睡眠的狀態，那麼腦中有沒有哪個區域對於狀態的切換，或狀態的穩定維持，是不可或缺的呢？下視丘應當是目前已知最適合的答案。

首先提出下視丘和睡眠／清醒的控制有關的說法的，是 20 世紀初的神經內科醫師馮・艾克諾默 (Constantin von Economo, 1876–1931)。他在 1917 年發表了他對於昏睡性腦炎 (encephalitis lethargica) 這個疾病的觀察和病理研究。昏睡性腦炎的急性症狀包括發熱、昏睡、眼肌癱瘓、舞蹈樣運動過多等，據估計在一次世界大戰末期有約 500 萬人患病，而且患者多為年輕人。馮艾克諾默醫師指出，病患的下視丘受損是導致昏睡性腦炎患者昏睡的原因。而且下視丘並不是只管睡覺這件事，還負責清醒的部分，因為有其他種類的腦炎會導致失眠的情況發生。他還預測，下視丘本身應該可以再區分成前面和後面兩個區域，前面有睡眠促進的神經元，後面則有清醒促進的神經元。近代許多動物實驗的發現也都跟他的預測不謀而合，也就是下視丘比較靠近後面的地方分布著清醒促進的網路，而下視丘靠近視神經或視交叉，也就是比較前區的地方，和睡眠的促進較有關係。

下視丘分泌素的發現

除了下視丘這個結構外，有沒有什麼特別的神經傳導物質和睡眠／清醒的控制有關係呢？

1998 年，研究者在老鼠的下視丘發現了一個興奮性的神經傳導物質，並將它命名為下視丘分泌素 (hypocretin)。隔年，有人從猝睡症狗的身上發現，猝睡症狗的下視丘分泌素受體突變，導致下視丘分泌素的傳導異常，表示下視丘分泌素可能就是控制、維持睡眠／清醒的關鍵神經傳導物質。再隔年，

也就是 2000 年，3 個以人類參與者為研究對象的研究更進一步的鞏固了這個假設。

其中一個研究在抽取了人類猝睡症患者的腦脊髓液以後發現，他們的下視丘分泌素濃度較一般人低。雖然不是每一個患者都這樣，但多數患者都有這個現象。第二個研究發現猝睡症患者的下視丘分泌素基因突變與下視丘分泌素缺乏。第三個研究則是發現猝睡症患者大腦的下視丘分泌素神經元數目下降，而且是只有下視丘分泌素的神經元數量變少，其他神經元的數量是正常的。

可是為什麼患者的下視丘分泌素受體會出問題？這部分目前還沒有很明確的解答，雖然基因突變可能是原因之一，但似乎並沒有占很大的比例。最近的另一個假設認為或許和自體免疫有關，也就是患者的免疫系統出了某種問題，專門針對自己的下視丘分泌素受體發動攻擊。

下視丘分泌素缺乏如何引發猝睡症症狀

那麼，下視丘分泌素的不足，是如何讓猝睡症的那些症狀產生的呢？原來下視丘分泌素的神經元，不但能夠活化多個清醒迴路，還能間接抑制快速動眼期的神經迴路。所以當下視丘分泌素不足，或是下視丘分泌素的受體不足時，清醒迴路就沒有得到足夠的興奮，患者於是出現疲倦、嗜睡的表現。同時，因為快速動眼期沒有被成功抑制，患者無法穩定維持在清醒狀態、很容易進入快速動眼期，所以會出現猝倒的現象。

猝睡症與意識轉換的神經機制

從前述的介紹我們知道，下視丘分泌素是人們能否穩定維持清醒或睡眠狀態的關鍵要素之一，它的主要作用在於興奮清醒迴路和抑制快速動眼迴路。雖然不是所有人都同意，但這是目前解釋人類如何在清醒和睡眠等不同狀態之間轉換的解釋模型之一。

 **植物人**

植物人是近 10 多年來意識研究的重點之一。前面提過，其實植物人也和一般人一樣，有清醒／睡眠週期，所以他們也會經歷清醒和睡覺等不同的狀態。但和一般人不同，植物人在清醒時並沒有豐富的意識內容，或說他們的意識內容甚至是空白無一物的。

植物人的診斷

過去，臨床上必須依靠患者是否有外顯行為，或是否能依指令做動作來判定患者是否符合植物人狀態的診斷。但一個顯而易見又難以解決的問題是，就算患者沒有任何自主動作，也無法聽從指令做出最簡單的動作，而且看似對外界全然無反應，這樣真的就可以保證他對外界毫無覺知嗎？如果他只是因為無法做出動作所以才無法回應，但其實意識一清二楚呢？

所幸，我們或許能藉由腦造影技術的發展為這個難題找到一種解決辦法。功能性磁振造影儀 (functional magnetic resonance imaging, fMRI) 是目前研究植物人意識時十分常用的一項工具。fMRI 的原理是利用磁振造影，觀測大腦血流量的變化情形，由於大腦血流量的變化某種程度上反映的是大腦神經元活動的變化，所以讓實驗參與者在接受掃描時進行不同的作業，可以推論大腦在執行不同功能時不同區域的神經元的運作狀態有何異同。

2006 年，由英國神經科學家亞德里安・歐文 (Adrian Owen, 1966–　) 所主持的一項以植物人為研究對象的研究，便以 fMRI 為工具測量掃描一名因腦部外傷而被診斷為植物人的患者[1]。

---

[1] 可觀看影片：BBC News Report on Vegetative State Breakthrough, https://www.youtube.com/watch?v=YQSn2lLxeBl&pbjreload=10

我們的大腦有一個特性是，當我們「想像」自己在做某些事情時，大腦的活動狀態會跟我們「真的」在做這些事情時的大腦活動狀態相似。舉例而言，當我們在打網球時，會大量動用運動皮質的神經元，當我們想像自己在打網球但身體並未真的做出打網球的動作時，運動皮質的神經元也會處在高度活化的狀態。同樣的，當我們想像自己在熟悉的街道上移動或從家裡的一個房間走到另一個房間時，會像我們實際在進行這件空間作業時一樣仰賴大腦的海馬旁回 (parahippocampal gyrus)。研究人員先邀請普通參與者參與實驗，好確認他們是否能成功利用大腦的這項特點來判斷參與者在想像自己做哪件事。實驗中，參與者在接受腦部掃描時想像自己在打網球或在房間之間移動，結果研究人員確實成功的根據 fMRI 的資料判讀參與者是想像自己在打網球，還是想像自己在房間之間移動。接著研究人員將實驗對象換成植物人患者。這個實驗背後的邏輯是，如果研究人員請患者想像自己在打網球／在不同房間之間移動，而研究人員也確實能從患者的 fMRI 看出患者在想像自己打網球／在不同房間之間移動，就表示患者其實是可以聽懂指示和執行指令的。

歐文的團隊在 2006 年所發表的研究中，患者是一位因腦部外傷而被診斷為植物人的年輕人。藉由要求患者做不同的想像，fMRI 結果顯示，該名病患能夠正確的遵照指示想像自己在打網球，或是在屋內的不同房間之間移動，顯示他並非完全沒有意識。

在後續的一個規模較大的研究之中，研究者掃描了 54 名有意識障礙 (disorders of consciousness) 的患者，發現其中有 5 名患者甚至能夠透過 fMRI 來回答一些簡單的是非題。這些是非題包括像是：你是否有兄弟？你父親的名字是不是亞歷山大？等。但患者是用什麼方式作答的呢？研究者告訴患者，如果他們想要回答「是」，那就想像自己在打網球；如果想要回答「否」，那就想像自己在熟悉的街道上移動。根據患者在聽完每個問題之後一段時間內

的腦部活化狀態，就可以知道患者是否有試圖回答、回答是否正確。研究中大多數患者的腦部活化狀態在整個實驗中都沒有什麼變化，但有 5 名患者確實針對研究者的提問做出「是」或「否」的反應，表示他們其實是有意識的。

這些研究的結果，顯示少部分被診斷為植物人的患者其實能夠聽得懂其他人在說什麼，能夠根據要求（透過 fMRI）和外界互動，表示他們其實是有意識，但只是無法表現出來而已。這項技術如果發展成熟，相信能輔助醫師做出更可靠的臨床診斷。

不同意識清醒程度的比較

有一部分的研究者試著去比較不同意識清醒程度的人，或者是從一個意識狀態轉換到另一個意識狀態的前後，腦部哪些區域的代謝量有不同或變化，希望能從這個方向找到意識狀態改變的神經機制。前面提過的比利時神經學家洛瑞斯就是其中一位。

洛瑞斯在他的數個研究中都發現，楔前葉 (precuneus) 在意識狀態的轉換前後有所差異。其中一個研究是使用 PET（正子電腦斷層造影掃描）量測患者在植物人狀態時和恢復意識後，大腦各個部位的代謝量，有哪些部位有明顯的變化。實驗發現位於頂葉內側的楔前葉在患者恢復意識前後有明顯的改變。在另一個實驗中，研究團隊比較不同意識層級的人的腦部代謝有什麼差別。他們比較了普通人、閉鎖症候群患者、最低限度意識狀態 (minimally conscious state) 的患者、以及植物人等 4 個意識狀態不同的族群。實驗結果顯示，隨著意識損傷程度的加重，楔前葉的代謝量也愈來愈低（圖 3-5）。

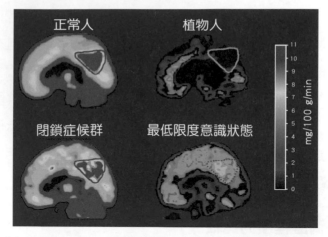

圖 3–5 楔前葉（有框線的區域）在意識網路中可能扮演重要角色 (Laureys et al., 2004)

　　不過，除了楔前葉以外，失去意識時大腦的關聯皮質也會出現代謝量降低的情形。當我們比較被麻醉的人、處於慢波睡眠的人還有植物人時，會發現他們大腦代謝降低的區域有很大的重疊。於是神經內科醫師布盧曼菲爾德 **(Hal Blumenfeld, 1962–　　)** 認為這些區域組成了大腦的意識系統，其中包含楔前葉，以及大量的關聯皮質，像是前額葉和頂葉。

　　除了楔前葉，研究發現視丘和皮質之間的功能性聯結，也會影響意識的運作功能。視丘和許多皮質都有聯結，研究發現當患者處於植物人狀態時，他的視丘和皮質各自的活化狀態不太有相關性，但當患者脫離植物人狀態後，視丘和皮質的活化較為同步，顯示視丘與其他皮質的功能性聯結的完整與否在意識網路中也扮演了重要角色。

先天失明者的感覺經驗

　　接下來介紹的研究對象——先天失明者，和前面兩類研究對象比較不同。先天失明者或早年失明者（年紀很小便失明）他們的意識是沒有受損的，但

是他們的感覺經驗、意識經驗或是哲學家所謂的感質，可能和擁有正常視覺的人的感覺經驗有很大的不同。這是部分關心意識的研究者從這個族群著手研究的原因。

失明者大腦枕葉的功能是什麼？

視覺意識在人類所有的意識內容之中，占了非常大的一部分，畢竟在哺乳動物的大腦皮質中，處理視覺訊息的區域就占了總數的 1/3。所謂的視覺皮質位處於大腦的枕葉，人們的視覺意識經驗也和這個大腦區域有很大的關係。但先天或早年失明者的枕葉長期以來都沒有視覺刺激的輸入，這會使得他們的枕葉發生什麼變化?他們的枕葉會因為長期沒有在使用而萎縮退化嗎?或者，因為大腦具有神經可塑性這項特點，他們的枕葉會發展出處理視覺訊息以外的訊息的功能？

早期的研究發現，先天失明者的枕葉體積比較小，但代謝量卻增加了。這表示他們的枕葉皮質還是有功能、有在工作，並不是被棄置不用的。只不過那時候大家還不知道先天失明者的枕葉究竟在做哪些工作，一直要到 1992年，fMRI 問世以後，才有辦法去測量。1996 年的一項研究便發現，早年失明者以手指閱讀點字時會活化大腦枕葉。用手指閱讀點字時，大腦所接收到的是觸覺訊息，但早年失明者的大腦此時活化的除了一般所謂的感覺皮質以外，還多了視覺皮質（枕葉）。陸續已經有非常多的研究都重複驗證了這個現象，表示先天或早年失明者的枕葉雖然不負責視覺訊息的處理，但確實被用來做其他感覺訊息的處理。

刺激失明者的枕葉，會引發什麼樣的感覺經驗？

本章一開始大腦結構的部分有提過，我們的大腦有負責處理視覺訊息的區域，也有負責處理聽覺訊息、觸覺訊息或其他種類訊息的區域。若從頭部

外面以電流或磁場給予不同的大腦區域刺激，人們一般會感覺到相對應的意識經驗。例如，刺激顳葉時，實驗參與者會報告自己聽到了某些聲音；刺激枕葉時，參與者會報告自己眼前出現某些圖形或亮點。那麼，如果刺激先天或早年失明者的枕葉，他們會出現什麼樣的主觀感覺經驗呢？他們會像視力正常的人一樣看見亮點，或是有其他類型的感覺經驗出現呢？

這樣的實驗可以使用穿顱磁刺激 (transcranial magnetic stimulation, TMS) 來達成。穿顱磁刺激運用了電生磁、磁生電的原理，從頭皮外部把短暫的磁脈衝傳入特定腦部區域，暫時性的興奮或抑制特定腦部區域功能。想實際觀看穿顱磁刺激引發的反應為何，可以觀看英國廣播公司 (BBC) 的影片❷。在影片中可以看到研究人員將穿顱磁刺激儀的線圈對準實驗參與者右側的運動皮質，然後他要求參與者伸出右手食指，並且以左手去碰觸右手食指。參與者的左手原本可以動作流暢的去碰觸自己的右手，但當機器的磁脈衝打開的一瞬間，他左手的動作卻受到了干擾。這是因為右側運動皮質的活動受到了短暫的抑制。影片裡面的例子只是穿顱磁刺激的功能之一，研究人員可以藉由參數的調整引發興奮或抑制的功能。

研究發現使用穿顱磁刺激去刺激先天失明者的視覺皮質（枕葉）時，能令他們的手指頭產生被碰觸的感覺，表示這些視覺皮質的相關意識經驗具有神經可塑性。傳統上認為，感覺皮質和它所對應的意識經驗有專一性。比方說，視覺的意識經驗就應該跟著視覺皮質，觸覺的意識經驗就應該跟著體感覺皮質。但從這個例子可以看出，不同感覺的意識經驗或許是有可塑性的。

---

❷ 可觀看影片：Michael Mosley Has Areas of His Brain Turned Off—The Brain: A Secret History—BBC Four, https://www.youtube.com/watch?v=FMR_T0mM7Pc

結　語

　　藉由比較一般人和病患兩個族群之間大腦運作的異同，我們得以知曉負責特定功能的神經機制。其實了解疾病就是了解自己，當身體所有的功能都正常運作時，我們可能無法了解機制是如何運作才能維持功能正常的。但是當功能出了問題，我們才有辦法從比較之中得知各種機制是如何運作的。

　　這個章節介紹了以猝睡症患者、植物人、還有先天失明者為研究對象的研究，從這些研究的結果可以發現，人類大腦之中有一個龐大而多層次的意識神經網絡，包括下視丘、中腦、楔前葉、額葉與頂葉關聯皮質、視丘、和感覺皮質。其中的下視丘和中腦，可以類比為電視機的開關，讓人在有意識／無意識不同的狀態之間切換。如果這個部分出了問題，就像猝睡症患者一樣，會不停的開開關關，在兩種狀態之間頻繁的切換，無法穩定處於任一狀態。至於關聯皮質和視丘，對於意識的內容和覺知的部分而言比較重要。就像植物人，他們雖然可以處在清醒的狀態，但他們意識內容可能是空白的。若以電視機為例，那可能是面板出了問題，明明開關的功能是正常的，但即使開關打開，電視還是沒有內容可以看。最後，各種不同的感覺皮質就像電視上各種不同的電視頻道一樣，分別提供不同的節目給我們欣賞。但先天和早年失明者的研究讓我們知道，節目和頻道並不是綁定不能改變的。若某個頻道損壞，原本在該頻道播放的節目也可以在其他頻道來播放。

　　總結來說，這是一個複雜又多層的系統，憑藉著這個網絡的順利運作，我們才得以在清醒時感知複雜而種類繁複的意識經驗，又能穩定的在不同的意識狀態之間順利切換。雖然科學界已經累積了很多的研究成果，但其實還是有許多未知或待解決的部分，期待更多人力投入這個研究領域，讓我們對於意識的神經機制有更詳盡的了解。

參考文獻

◆ Blumenfeld, H. (2012). Impaired Consciousness in Epilepsy. *The Lancet Neurology, 11*(9), 814–826.

◆ Kupers, R., Pietrini, P., Ricciardi, E., & Ptito, M. (2011). The Nature of Consciousness in the Visually Deprived Brain. *Frontiers in Psychology*, 2.

◆ Laureys, S., Faymonville, M. E., Luxen, A., Lamy, M., Franck, G., & Maquet, P. (2000). Restoration of Thalamocortical Connectivity After Recovery from Persistent Vegetative State. *Lancet, 355*(9217), 1790–1791.

◆ Laureys, S., Owen, A. M., & Schiff, N. D. (2004). Brain Function in Coma, Vegetative State, and Related Disorders. *The Lancet Neurology, 3*(9), 537–546.

◆ Monti, M. M., Vanhaudenhuyse, A., Coleman, M. R., Boly, M., Pickard, J. D., Tshibanda, L., ...Laureys, S. (2010). Willful Modulation of Brain Activity in Disorders of Consciousness. *New England Journal of Medicine, 362*(7), 579–589.

◆ Nishino, S., Ripley, B., Overeem, S., Lammers, G. J., & Mignot, E. (2000). Hypocretin (Orexin) Deficiency in Human Narcolepsy. *Lancet, 355*(9197), 39–40.

◆ Owen, A. M., Coleman, M. R., Boly, M., Davis, M. H., Laureys, S., & Pickard, J. D. (2006). Detecting Awareness in the Vegetative State. *Science, 313*(5792), 1402.

◆ Peyron, C., Faraco, J., Rogers, W., Ripley, B., Overeem, S., Charnay, Y., ...Mignot, E. (2000). A Mutation in a Case of Early Onset Narcolepsy and a Generalized Absence of Hypocretin Peptides in Human Narcoleptic Brains. *Nature Medicine, 6*(9), 991–997.

◆ Sadato, N., Pascual-Leone, A., Grafmani, J., Ibañez, V., Deiber, M.–P., Dold, G., & Hallett, M. (1996). Activation of the Primary Visual Cortex by Braille Reading in Blind Subjects. *Nature, 380*(6574), 526–528.

◆ Scammell, T. E., Arrigoni, E., & Lipton, J. (2017). Neural Circuitry of Wakefulness and Sleep. *Neuron, 93*(4), 747–765.

◆ Thannickal, T. C., Moore, R. Y., Nienhuis, R., Ramanathan, L., Gulyani, S., Aldrich, M., ...Siegel, J. M. (2000). Reduced Number of Hypocretin Neurons in Human Narcolepsy. *Neuron, 27*(3), 469–474.

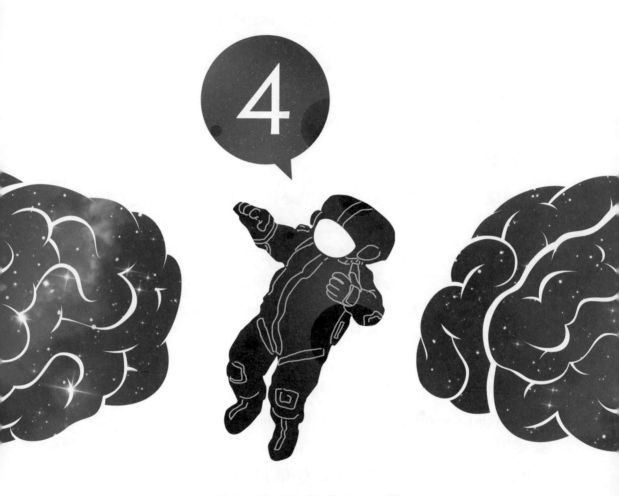

腦與情感

人之異於禽獸，幾希？

講者｜臺灣大學心理學系教授　梁庚辰

彙整｜林雯菁

本章將介紹多項關於人類與動物的情緒意識之研究，藉此說明人類和動物在情緒意識的異同。

關於意識的心理學研究

意識研究的萌芽

意識是心理學最核心的問題，但也是最困難的問題。在心理學的歷史上，有哪些學者曾對意識研究表示興趣，或曾著手進行研究呢？

古代學者一度把靈魂分成植物靈魂、動物靈魂與理性靈魂 3 類，暗示生物對外界具有不同等級的覺察能力。現代心理學始於 1875 年德國的萊比錫大學，它的創始者威廉·馮特 (Wilhelm Maximilian Wundt, 1832–1920) 對於意識問題有極大的興趣，主張這問題必須採用科學的方法來研究。他認為意識研究有兩大範疇，一是知覺，一是情緒。前者是 19、20 世紀心理物理學的研究重點之一，即為找出物理客觀刺激量和意識主觀感覺間的關係。例如韋伯定律 (Weber's law)❶ 以及費成納定律 (Fechner's law)❷ 都在試圖量化心靈感覺大小和刺激物理能量間的關係。馮特為情緒找出 3 個不同的向度：愉悅─不愉悅，激動─平靜，緊繃─放鬆等，暗示情緒反映出刺激衝擊個人的主觀心情，所以他主張透過省察自己的意識狀態來研究心理歷程。美國心理學始

---

❶ 對於某一個刺激，其強度需要改變多少，才會讓人覺得有所不同，此量會隨原刺激的強弱而有變化。換言之，感覺的差異閾限（difference threshold，能引起不同感覺的最小刺激強度差，ΔI）數值與原來刺激強度 (I) 呈一定比例關係，亦即 $\Delta I / I =$ 常數。

❷ 對於超過絕對閾限（absolute threshold，指某一刺激能夠引起感覺的最低強度）的刺激，主觀感覺強度 (ψ) 與刺激物理強度 (I) 之間呈對數的關係，$\psi = k \log I$（k 為一常數）。亦即刺激強度如果按幾何級數增加，而所引起的感覺強度卻只會按算術級數增加。

祖威廉・詹姆士 (William James, 1842–1910) 也將意識問題視為心理學的核心。除了心理學界以外，現代神經科學之父桑地牙哥・拉蒙卡哈 (Santiago Ramón y Cajal, 1852–1934) 也對意識研究表示關注。他認為大腦皮質裡面有所謂的心靈神經元 (psychic neuron)，這些神經元的功能便是用來支援意識經驗。

　　早期的學者除了對意識研究表現出濃厚的興趣外，也對無意識研究有興趣。德國學者馮・亥姆霍茲便特別指出，我們所覺知到的世界，其實是經過一連串無意識推論之後的產物，我們只能意識到最後的結果。以視網膜和視覺意識經驗為例，視網膜是一個兩度空間的平面，但外在的物理世界和我們的視覺經驗卻是立體的三度空間。外界立體的訊息投射到平面的視網膜卻能產生三度空間的視覺。現今知道，大腦經過一些無意識的運作，將視網膜上的平面訊息建構出立體的視覺經驗。馮・亥姆霍茲提醒大家，這些無意識歷程對人類意識經驗有舉足輕重的地位。有關這方面的探討，請參閱稍後有關無意識知覺處理歷程的章節 (p. 108)。

　　另一位專注於研究意識與無意識歷程的學者是佛洛伊德。佛洛伊德原本是神經解剖實驗室的一員，後來因故轉入精神醫學領域，並提出了心理動力理論 (Psychodynamic Theory)。他強調無意識之中的「本我」(id) 是某些被壓抑的人類基本欲望，這些欲望常與社會規範衝突而導致不安與焦慮，因而被壓抑而不易浮現。佛洛伊德進一步認為，被壓抑的欲念與隱伏的情緒會不斷的尋求出路，看似由意識主導的很多行為其實都是欲望本能與社會規範產生情緒衝突後的妥協結果，它讓欲望可以得到滿足但又不至於違反社會規範，隱伏的不安情緒乃得以宣洩。雖然佛洛伊德在當時無法為他的理論提出神經機制，但基本上他認為這是一個生理問題，堅信有朝一日必可找到這些意識或無意識功能的腦部運作基礎。馮特與佛洛伊德這兩位心理學先驅者的共同點是對人類情緒歷程中的意識問題感到興趣。

⚡ 意識研究的沉寂 ⚡

　　從以上敘述可以得知，在 19 世紀末和 20 世紀初學術界對於意識和無意識問題曾經有過熱烈的討論。但關於意識問題的研究卻在 20 世紀經歷了一段長時間的沉寂。若要認真追溯原因，我們必須從英國神經生理學家薛靈頓爵士 (Sir Charles Scott Sherrington, 1857–1952) 的「反射研究」談起。

　　薛靈頓研究狗的反射動作時發現，很多人們認為是複雜的肢體動作，包括像是走路時被石頭絆到仍能維持平衡而不致跌倒等行為，其實只依靠簡單而機械式的脊髓反射便可完成。他並表示脊髓反射是架構生物行為最基本的單位。俄羅斯生理學家巴夫洛夫 (Ivan Petrovich Pavlov, 1849–1936) 採納了這樣的概念，並將其加以延伸到心理層面。他以古典條件學習 (classical conditioning) 的實驗證明「條件反射」足以解釋許多非本能的後天行為。在這實驗中，所謂「巴夫洛夫的狗」聽到一個鈴聲之後就會得到食物，當狗看到或嚐到食物時會流出口水。如此重複給予「鈴聲─食物」的刺激配對多次後，狗聽到鈴聲即使沒食物也會流出口水。巴夫洛夫認為這種「心理反射」 (psychic reflex) 可以推廣解釋社會行為、精神疾病，乃至於所有的心智現象。

　　薛靈頓與巴夫洛夫的思想暗示了複雜的心智活動可以化約到單純「刺激─反應聯結」。這導致行為主義 (behaviorism) 心理學的興起，這派的學者主張心理學是解析刺激輸入與行為輸出間的關係，因為此 2 指標都可客觀量測，有助於加速心理學的科學化。行為主義對於數量化的強調，使得意識議題在心理學研究中頓失容身之地，因為意識的主觀概念，言人人殊，很難被客觀量化。於是在行為主義獨擅勝場之際，有關意識各方面的研究，包括情緒的主觀感受，就從心理學中銷聲匿跡了。然而行為主義的興起，卻開啟了情緒探討的另一新場域：情緒反應的神經機制探討。

情　緒

情緒的定義

什麼是情緒？情緒指的是針對覺知或記憶中特定事件或對象所產生的正面或負面感受，以及其所伴隨的反應。情緒經驗常含有下列成分：(1) 行為反應（伴隨情緒之臉部表情與肢體動作）；(2) 生理活動（情緒狀態下的神經與內分泌系統的活動）；以及最重要的 (3) 主觀感受（情緒刺激引發的好惡內涵與認知詮釋）。其中有關於情緒的主觀感受，還包括幾個不同的向度：激動 (arousal) 的程度（有強弱高低之分）、位價 (valence) 的正負（有喜歡／厭惡或趨向／避開之別）、主宰 (dominance) 的程度（能夠自主控制或被動受制於該情緒）。

情緒的功能與跨文化的基本表情

這些情緒經驗的成分有何功能？達爾文是近代學界最早對情緒功能提出看法的學者之一，他發現許多不同物種以及小孩與大人在遭遇同樣情緒刺激時，都會動員相同的臉部肌肉，例如狗、猩猩和人類在憤怒時都會齜牙裂嘴，因此主張情緒是演化的產物，臉部表情或身體姿勢一如解剖結構與生理功能，因適應生存而在不同物種間一脈相承。他在《人與動物的情緒表達》(*The Expression of the Emotions in Man and Animals*) 一書當中提到，「臉部跟身體的表情動作和我們的福祉息息相關。嬰兒與母親在溝通之初全賴雙方各自都能表現自己的情緒，以及成功辨認、理解對方表情的能力。母親的一顰一笑，對嬰兒有重大意義，能引導他的行為。即使是能夠使用語言溝通的成人，表情仍然十分重要。當看到別人對自己的不幸表達同情時，痛楚就會降低，也會對對方產生好感」。達爾文認為「表情不但使得語言更為豐富有力，

表情甚至比語言更能精確表達人的思想跟意圖，與人的內心感受有密切的關係」。由於情緒顯示了個體的身心狀態，因此在互動溝通上至為關鍵，和顏悅色引人親和趨近，張牙舞爪讓人退避三舍。這一預警作用使得動物得以預測未來的遭遇，早作準備爭取利益或減少傷害，無須事到臨頭才發覺錯失良機或已經大難當前。這對於族群生存繁衍大有助益，故在演化中受天擇而保留。

人類具有基本情緒的主張支持達爾文這一理念。美國心理學家艾克曼 (Paul Ekman, 1934–　) 認為，人類具有 6 種基本的臉部表情——憤怒、厭惡、恐懼、快樂、悲傷與驚訝。這 6 種基本情緒是跨文化存在的，也就是說在任何文化之中都可以找到這 6 種表情。他發現將某一種族這 6 種表情的照片，拿給屬於不同社會文化的其他種族去作辨識、描述或猜測引發的事件，往往都有很高的正確性。同時，天生眼盲的人，遇到情緒刺激也產生類似常人的表情，因此情緒的臉部表達確實存在先天成分。

腦中掌管情緒的系統

如果情緒的表達是由演化而來，有其先天成分，那麼我們可以推論腦中或許會有專門處理情緒的結構。果若如此，則關於情緒的神經系統，我們目前已經掌握了多少知識呢？專門負責情緒的區域或迴路位於腦中何處呢？

首先簡略介紹神經系統。平常大家比較熟知的部位是大腦皮質，也就是位於大腦表面占很大體積的部分。在皮質之下，除了腦幹和小腦以外，還有包括基底核 (basal ganglia)、視丘、海馬、杏仁核 (amygdala) 等與情緒非常相關的區域。而老鼠腦中的海馬和杏仁核也同樣於情緒處理扮演著重要的角色（圖 4–1）。

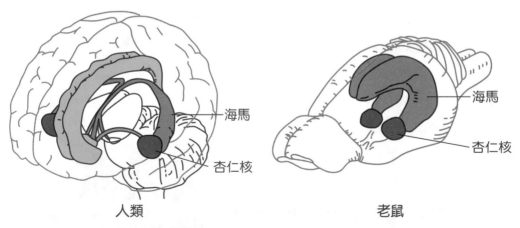

圖 4-1 人腦與鼠腦中兩個邊緣系統的重要結構——海馬（紫色）與杏仁核（紅色）（此處將大腦皮質透明化以顯現皮質下結構）

1878 年，法國醫師布洛卡 (Pierre Paul Broca, 1824–1880) 從比較解剖學中發現，所有哺乳類動物腦半球的內側都有一組非常相似的結構，介於負責維生功能的腦幹與負責高等功能的新皮質之間，包括位於前額葉內側——如今被稱為扣帶回皮質，與往後延伸至海馬的部位。雖然布洛卡當時並沒有討論這些區域的功能，但早期的解剖學家多半認為它們涉及嗅覺的運作。這些區域在很多動物身上確實都具有嗅覺功能，這也是嗅覺常伴隨情緒反應的原因之一。

1930 年代一些證據顯示前額葉內側與情緒有關。一項證據是腫瘤長在扣帶回皮質的病患，情緒功能易受影響。另一項證據來自一個著名的腦傷案例：美國佛蒙特州的鐵路工人領班蓋吉 (Phineas Gage, 1823–1860)。蓋吉在 1848 年一次的工安意外中，遭一根長 110 公分、直徑 3.2 公分、重達 6 公斤的鐵棒從眼窩下貫穿頭部（請見圖 4-2）。雖然鐵棒在他頭上鑿出了一個大窟窿，傷及扣帶回皮質與眼眶額皮質，但蓋吉竟奇蹟似的保全了性命，並且在幾個月的休養之後重回工作崗位。只不過大難不死的蓋吉，卻從此性情大變。他從原本一個認真負責的好員工、好領班，變成了一個不負責任、情緒控制不

佳而且易怒的人，導致他最終遭到公司開除。他從此帶著那根鐵棒隨表演團雲遊美國，最後死於舊金山。當初治療他的醫生哈婁 (John Harlow, 1819–1907) 取得了蓋吉死後的臉部模型、顱骨和那根貫穿他頭部的鐵棒，這些物品目前仍存放於哈佛大學的博物館（圖4–3）。另外一項證據則來自於狂犬病患者。狂犬病患者海馬的細胞會萎縮和異常，他們也常出現不恰當的情緒激動的症狀。

　　1937 年，美國的神經解剖學家巴貝茲 (James Papez, 1883–1958) 提出了一個控制情緒表達的神經迴路——巴貝茲迴路 (Papez Circuit)。這個迴路包括下視丘、視丘前核、扣帶回皮質跟海馬。在這個迴路中，海馬把神經訊號送到腦穹窿 (fornix)，腦穹窿再把訊號傳到下視丘的乳頭狀體 (mammillary body)，然後經由視丘前核再轉送到前扣帶回皮質，最後回到海馬形成一個迴路（見圖4–4）。

　　1950 年代，生理心理學家麥克林恩 (Paul D. MacLean, 1913–2007) 將巴貝茲迴路加以擴大，納入一些管內臟的腦區，如前額葉、杏仁核與下視丘其他部分（圖4–5）。他發現這些區域在解剖上都有互相聯絡，而且位置恰巧落在大腦新皮質的邊緣，於是將其命名為「邊緣系統」(limbic system)。

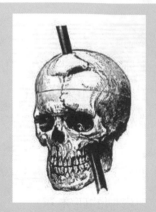

圖 4–2
鐵棒貫穿蓋吉頭顱的示意圖
(John M. Harlow, M.D.,
Wikimedia Commons)

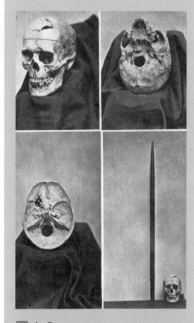

圖 4–3
蓋吉的頭骨與當年貫穿他頭部的鐵棒，現存於哈佛大學博物館 (J. B. S. Jackson, M.D., Wikimedia Commons)

刺激邊緣系統內的任
何結構，常會使人產生各式
各樣的情緒反應或與情緒
有關的行為。如果這些結構
發生問題，也會使人出現異
常的表情、生理反應或主觀
情緒感受。然而早期有關情
緒生理機制的研究，多半來
自動物。例如賴司 (Donald
Reis, 1931–2000) 發現，刺
激貓的杏仁核，會引發牠做
出憤怒攻擊的態勢，被稱為
佯怒 (sham rage)。柯履佛
(Heinrich Klüver, 1897–
1979) 與布胥 (Paul Bucy,
1904–1992) 切除了猴子的

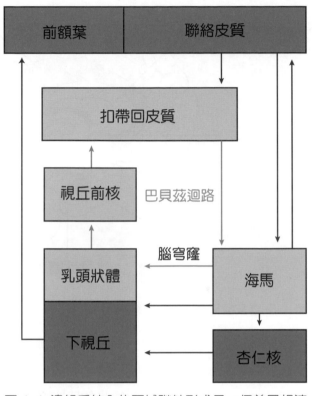

圖 4–4 邊緣系統內的區域聯結形成了一個首尾相連
的迴路

杏仁核，發現牠變得溫馴而不會感到害怕。雖然早期的情緒研究多半集中於
負向情緒，但在 1950–1960 年代，加拿大的兩位心理學家歐池 (James Olds,
1922–1976) 與米訥 (Peter Milner, 1919–) 於麥基爾大學所進行的老鼠研究，
則對理解正向情緒有重大發現。他們在探討腦部電流刺激影響學習時，無意
間將電極植入老鼠的下視丘，並施予電流刺激。他們注意到當老鼠每次受到
電刺激後就停留在原處不想離開，彷彿是在期待更多的電刺激。他們推論，
電刺激下視丘，可能會讓老鼠產生快感，便稱它為「快樂中樞」。

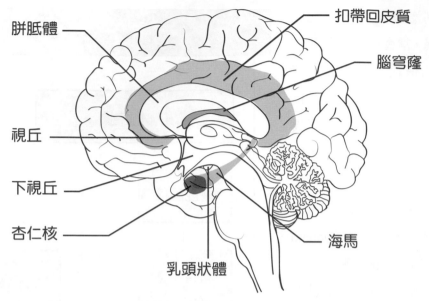

图 4-5 涉及情緒處理的腦部結構

　　隨後這兩位學者設計一項全新的實驗，訓練老鼠按槓桿，每按一次槓桿腦部就會啟動機關，在下視丘通過微弱的電流刺激。他們發現老鼠可以樂此不疲的連續按槓桿 48 小時。後來的研究發現刺激腦中某些其他區域也有同樣的效果。這些區域都與多巴胺 (dopamine) 神經傳導素有關，將刺激多巴胺神經的藥物注入這些區域會導致酬賞行為 (reward behavior)❸ 的增加。下視丘剛好是多巴胺神經纖維分布密集的位置，所以效果較易被發現。直到 1970 年代，多巴胺的研究累積到一定程度之後，大家開始認同多巴胺其實是和「酬賞作用」有關的神經傳導素。而多巴胺神經最主要的一個投射區，即位於基底核腹側區的依核（nucleus accumbens，又被稱為伏膈核），被一些神經解剖

---

❸一項行為若能夠導致酬賞刺激出現就被稱為酬賞行為。酬賞刺激通常是指能夠滿足欲望或引發快感的刺激，例如飢餓時的食物或口渴時的飲料。若老鼠按槓桿得到腦部電刺激，按槓桿的行為就是酬賞行為。

學家認為是基底核中與邊緣系統有密切關係的結構。由於邊緣系統中的結構多半位於皮質之下，這暗示情緒訊息有可能尚未到達大腦皮質就受到神經系統的處理了。

情緒腦的演化

邊緣系統掌管情緒的想法成為生理心理學的經典概念，在 20 世紀末期以前一直主導著情緒的神經基礎研究。雖然這時期情緒的神經研究，在行為主義的籠罩下，沒有特別論及情緒主觀意識的問題，但卻出現一些關於情緒意識的想法。除了邊緣系統概念以外，麥克林恩提出了「三位一體腦」(the triune brain) 的腦部演化學說，他將腦的演化分成三大階段——也就是腦幹與基底核、邊緣系統以及新皮質的出現。而這 3 個層次的腦分別負責基本行為反應、情感性知識以及認知性知識。

第一個階段的腦稱為爬蟲腦 (reptilian brain)，存在於爬蟲類等動物的腦部，其結構包括基底核與基底核以下的腦幹。這爬蟲腦負責所有用以維生的本能運作，諸如進食、探索、防衛、攻擊、交配等。第二階段稱為舊哺乳類腦，它發展出邊緣系統，負責動物對於情緒刺激的主觀感受與行為反應，處理分離、重聚、照撫、嬉樂等狀況。麥克林恩認為演化出邊緣系統後，使動物能感受並表達好惡，能對其他動物顯示自己的心理狀態，也能了解其他動物的情緒行為。透過這樣的理解與表示，動物可以在團體互動中趨吉避凶，進而提高生存機會。由於邊緣系統本身形成一個首尾互聯的神經迴路，它一旦被啟動，各結構會周而復始的循環興奮，即使外界刺激已經消失，神經活動仍會在迴路內繼續震盪一段時間。這可以用來解釋為何情緒在引發的刺激消失以後，不會馬上消退。邊緣系統的震盪活動，更有利於先後出現的兩個刺激或活動引發的神經活動有機會因彼此重疊而被聯結起來，杏仁核、海馬與依核都涉及到簡單的聯結學習 (associative learning)。最後一階段是靈長類

的新皮質，它賦予個體不同程度的認知思考能力，處理假設性的命題（如果……那就會……），也就是一般所謂的智慧，在人類這涉及了可陳述的知識。這類知識依賴大腦新皮質對各式刺激作整合性處理 (combinatorial integration)，不再拘泥於時序先後的聯結處置，同時對於刺激的反應，也有靈活反應的空間，而非僵化的制式反射。

邊緣系統於外在刺激消失後還能繼續運作的特性，賦予動物想像過去與預測未來的能力。麥克林恩甚至認為，動物具備邊緣系統以後才能發展出「遊戲」行為。動物的遊戲行為其實是在模擬生活可能遇到的情境，為能順利生存而先行演練，這些模擬活動的出現，可能是由邊緣系統內或其他結構的自發性神經活動所啟動。它使得動物可以脫離爬蟲腦完全受制於現存刺激的限制，而進入一個模擬或想像的狀態。再者，若刺激消失後的神經活動能代表個體能想到或知曉刺激的出現，那麼邊緣系統內的迴路震盪或許就可能代表情緒某種形式的意識。從麥克林恩的這個腦部進化的理論中，我們可以看出，如果將動物感受情緒刺激視為情緒意識，那它在認知意識出現前就已經演化成功了。同時，當新皮質演化出來疊加在邊緣系統之上時，兩者之間的互動就更擴大了邊緣系統自主性活動的空間。

情緒研究的進展：恐懼的杏仁核

前面提過，當行為主義興起後，心理學不再探究人的內心世界或主觀感受。但到了 1960、70 年代左右，行為主義逐漸式微，認知心理學興起，心理學界又重新開始關心和研究人類內在或主觀的感受。

只不過認知心理學雖然早從 1960、70 年代便開始興盛，但情緒的研究一直要到 1980 年代才蓬勃發展。其中主要的一個原由是：在傳統的觀念中，大家認為情緒會對理性認知造成干擾，無助於心智思考。於是心理學主流研究以不帶情緒的冷靜認知 (cold cognition) 活動為主。另一個原因是因為多數人

認為情緒是主觀意識，只能依賴主觀報告，很難以科學化的方法量化測量。20 世紀末期以研究情緒而聞名的神經科學家雷度 (Joseph LeDoux, 1949–　) 便持這樣的看法。確實，在腦影像技術尚未成熟的年代，探討情緒神經機制只能依賴動物研究，若堅持主觀意識為情緒的主要成分，研究是無法在動物中推動開展的。所以當時情緒研究若想得到進展，先放棄主觀感受的探索自是無可厚非。

雷度另外也主張，情緒研究若要能有所進展，必須先將研究範圍侷限在一種明確的情緒中。因為光是基本的情緒就有 6、7 種之多，如果不作個別情緒的區分，而硬把性質各異的情緒混為一談，研究將更難有所進展。所以想要研究情緒的人，應當只專注在某一個特定的情緒，例如快樂、悲傷或恐懼等。同時，他也主張應該要把研究焦點放在邊緣系統內某一特定結構，而不是包含許多不同結構或邊緣系統全部。他和某些學者甚至反對邊緣系統這個解剖概念。

因著雷度的主張，有關於恐懼情緒的樞紐，也就是杏仁核的研究，在近 20 年間獲得了莫大的進展。目前已知外界訊息會透過兩條途徑傳入杏仁核——高徑與低徑。高徑從腦幹傳入視丘然後到達皮質，訊息會經過詳細的分析處理之後才送入杏仁核。而低徑並未通過皮質，直接從腦幹經視丘便進入杏仁核。從低徑傳來的訊息較為原始粗糙，但可以在較短時間內傳入。杏仁核本身與眾多結構有所聯結，當杏仁核的訊號再往外送出之後，便能引起恐懼時所會產生的反應或動作。

天生能引起恐懼的刺激不多，但任何中性刺激若與恐懼刺激配對出現，幾次之後便能引發恐懼，就如同學生一再受挫於考試，便視考試為畏途。研究恐懼與杏仁核的關係，多是藉助恐懼的古典條件聯結作業進行。研究者在特定環境中對大鼠呈現聲音與電擊配對，大鼠原來不會害怕聲音，但若聲音一再預測電擊的來臨，幾次之後老鼠一聽到聲音就會怕到不敢動，這稱為僵

懼行為。神經科學的研究指出，電擊原來就可興奮杏仁核的輸出神經，產生種種恐懼反射，但聲音卻不行。但聲音若和電擊配對出現，它就可以啟動杏仁核內的神經可塑性，造成某些神經聯結的改變，使得聲音獨自出現就可啟動杏仁核引發驚懼行為的輸出。杏仁核神經細胞對於聲音的反應在學習前與學習後會有所不同，破壞聽覺皮質（高徑輸入）、視丘內側膝狀核(medial geniculate nucleus)（低徑輸入）以及杏仁核（聽覺與痛覺匯聚塑造神經改變之所在），都會妨礙大鼠學會畏懼伴隨電擊出現的聲音。一些與神經可塑性有關的生化分子也會在這聯結學習的過程中被活化，阻斷這些分子的作用便會抑制這古典聯結學習的恐懼記憶。

這些研究讓我們知道杏仁核可在外界刺激未經皮質處理前就將它們聯結，產生條件恐懼情緒(conditioned fear)。然而即使聽覺訊息經過高徑傳入杏仁核，我們也無從得知老鼠是否產生和人類一模一樣的主觀恐懼意識。對於情緒意識的研究，似乎只能探尋人類。但從稍後的介紹中，我們將可以得知，對於理解情緒意識的產生，探討動物古典恐懼學習的生理反應與神經機制並非全然沒有幫助。

情緒生理行為反應與主觀感受間的關係

不管是行為主義心理學或是神經科學的研究，都只能告訴我們情緒反應是如何產生的，卻無法增進我們對於主觀感受的了解。所幸在情緒主觀感受難以客觀測量的年代裡，仍有少數學者試圖提出極有洞見的想法，它所引發的議論對於我們理解情緒意識如何產生有深遠影響。

一般人多數會認為，當人們遇見一個事件或刺激時，必須先認知到它的意義，以及覺察到它對自己造成正面或負面的衝擊後，才會引發情緒的主觀感受；有了主觀感受之後，接著身體才會產生適合該情緒的生理反應（圖4-6）。然而19世紀末一些學者有不同的看法，美國心理學之父詹姆士和丹

刺激事件 ➡ 認知解釋 ➡ 情緒感受 ➡ 生理與行為反應

百姓心理學

刺激事件 ➡ 生理與行為反應 ➡ 認知解釋 ➡ 情緒感受

詹姆士-蘭吉理論

圖 4-6 關於情緒和主觀感受、生理反應之間的關係，常人的想法和詹姆士—蘭吉理論有所不同

麥醫生蘭吉 (Carl Georg Lange, 1834–1900) 所提出的詹姆士—蘭吉理論 (James-Lange Theory) 便認為，情緒事件會直接產生生理及行為反應，人需先覺察到自己的行為與生理的變化，才能透過認知解釋產生情緒感受。換言之，是先有情緒反應，才有主觀感受。此一理論最膾炙人口的就是「遇見大熊」的例子。一般想法多會認為，當一個人在森林中看到熊，他認為會有危險而感到害怕，接著才心跳加速、直冒冷汗、轉身逃跑。但詹姆士—蘭吉理論卻認為，人在看到熊之後就會立刻轉身逃跑，同時心跳加速冷汗直流，接著才意識到自己處在極度驚恐之中。

可以想像詹姆士—蘭吉理論一提出便飽受質疑和挑戰，畢竟「還沒有情緒的主觀感受便先產生生理和行為反應」這一主張有違直覺常理。主觀感受都還沒出現，生理反應由何而來呢？比方說我還沒感覺到快樂就已經在哈哈大笑了，這到底是怎麼一回事？除此之外，當時認為不同的情緒有可能會引發同樣的行為或生理反應，那麼同樣的生理反應如何能夠引發不同的情緒感受？例如一樣的面紅耳赤，可能因羞慚愧疚，可能因當眾受到讚美，也可能是因為遇到心儀的對象呀！

美國的生理學家坎農 (Walter Bradford Cannon, 1871–1945) 和巴德 (Philip Bard, 1898–1977) 是反對詹姆士－蘭吉理論的先鋒，他們提出了另一種看法——情緒感受和生理反應是各自獨立的：刺激事件會作用於腦部不同結構，平行產生生理反應與情緒感受（圖 4–7）；前者依賴下視丘，而後者依賴視丘背側神經核。這理論原則上認為：生理激動絕非產生情緒感受的必要條件。

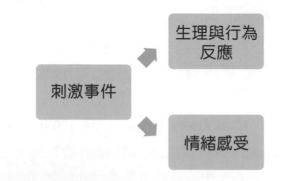

圖 4–7 坎農－巴德理論

既然詹姆士－蘭吉理論認為先有生理反應後有主觀情緒感受，那麼從這裡衍生出來的第一個問題是——改變生理反應是否會影響情緒的主觀感受？

1974 年的一項研究指出，生理反應的確可以影響主觀情緒感受！這項研究便是日後眾人熟悉的「吊橋效應」。該研究將參與實驗的男性大學生帶到郊外去，走過一條搖搖晃晃的吊橋或堅實穩固的鋼筋水泥橋。在橋上，他們會遇到迎面走來的女性助理，當學生和女助理在橋上相遇時，助理會遞給學生自己的電話號碼，並告訴學生若想知道實驗原委及結果可以晚上打電話給她。結果，走吊橋的這群學生中有比較多人在事後真的打了那支號碼。研究者對於這一實驗結果的解釋是：走吊橋的學生心跳較快（因為吊橋比穩固的鋼筋水泥橋危險），但他們誤以為自己心跳加快是因為自己與那位女性助理兩情相悅，於是打電話的意願便增加了。假如讓參與的學生戴著耳機通過鋼筋水泥橋，並告訴學生耳機中所播放的是他們自己當下的心跳聲。在其中有一群學

生聽到的其實是比自己真實心跳頻率更高的假心跳聲。這群學生事後打電話比例也將會比較高。這項「吊橋效應」的研究顯示，人們會參考生理回饋來決定自己的情緒。

上述的研究顯示生理反應能夠影響主觀情緒感受，那麼如果是沒有生理回饋的情況下，我們還會不會有情緒呢？確實有研究者發現，脊髓損傷患者當損傷部位較高時（也就是大多數的生理回饋都無法上傳至腦部），往往會認知到情境的危險性但卻感受不到強烈的主觀恐懼。這些研究結果表示身體的生理反應回傳到腦部，確實可以影響情緒。

前面提過，坎農－巴德對詹姆士－蘭吉理論的質疑之一是不同的情緒可能都對應到相同的生理反應，如果生理反應先於情緒感受，那我們如何根據生理反應來決定自己的情緒？其實早期能夠測量的生理反應相當有限，不離心跳、血壓等少數幾樣指標，但若能測量更多不同的指標，是不是能發現所有的情緒造成多種生理反應的整體組態都各自迥異呢？圖 4–8 正是一例。這張圖所顯示的，是參與者報告當他們在不同的情緒狀態下，自己所感覺到的身體熱點分布位置。從圖中可以看到其實每種情緒的身體熱點分布都不盡相同。

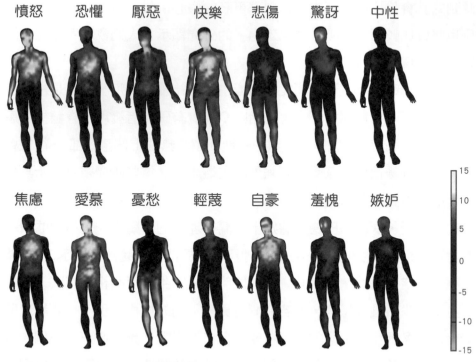

憤怒　恐懼　厭惡　快樂　悲傷　驚訝　中性

焦慮　愛慕　憂愁　輕蔑　自豪　羞愧　嫉妒

圖 4-8　不同的情緒狀態下身體熱點分布位置 (Nummenmaa et al., 2014)

　　數年前科技部人文司支持臺灣的心理學界進行一個「情緒標準刺激與反應常模的基礎研究」，其中成功大學謝淑蘭老師的研究發現，針對影片情節所引發的情緒反應，利用計算模型以及學習網路分析計算一群量測到的生理指標，發現能夠藉由所有的生理指標的組合模態辨認出不同主觀感受的情緒。換言之，單一生理指標或許無從區隔不同的情緒，但是若能同時考慮多種生理指標，便有辦法辨別不同的主觀情緒。

　　除了自主神經系統所控制的生理反應外，臉部表情也是情緒表現的重要一環，不同的情緒可對應不同的臉部表情，而不同的臉部表情會動用不同的肌肉，回饋給大腦不同的生理反應。臺灣師範大學陳學志老師實驗室做過這樣的示範，讓參與者用牙齒咬住筷子或翹起嘴巴以嘴唇和鼻子夾住筷子，前

者會讓參與者覺得自己比較快樂，因為前者會使參與者做出與「笑」類似的表情。那麼為什麼臉部表情會對情緒產生影響呢？史丹佛大學的波蘭裔美籍社會心理學家翟恩茨 (Robert Bolesław Zajonc, 1923–2008) 提出了「臉部回饋假說」(facial feedback hypothesis)。他認為由於我們的臉部和腦部使用了同一條血管供輸血液，所以當臉部表情不同時，所需的血流量也不同，腦部的血流量也會跟著有所改變。周邊肌肉對中樞神經系統的回饋，不論其機制是透過血流調節或是肌肉張力的感覺輸入。這或許可以說明為何笑臉迎人自己也會覺得心情愉悅；甚至戲劇演員在表演的過程中，會不知不覺的融入表演角色，假戲真作的依劇情產生情緒。上述人類的證據顯示，生理反應確實是塑造情緒主觀感受的因素之一，但卻非唯一因素。

認知與生理激動的共同作用

　　前面提到許多身體的周邊回饋可以影響情緒主觀感受的例子，但這並不是唯一的因素。1962 年一個由夏特 (Stanley Schachter, 1922–1997) 與辛格 (Jerome E. Singer, 1934–2010) 共同發表的研究顯示，認知也能影響情緒，但前提是需有生理激動。在這個實驗中，參與者先被注射腎上腺素 (epinephrine)[4] 或者注射生理食鹽水作為控制情況，然後在接待室當中等待正式實驗。當他們在等待期間，會有另一名偽裝成參與者的實驗同謀者進入接待室和他們交談。這位同謀有可能會裝出很開心的樣子並表示參加此一實驗是很有意義的，或是作出憤怒激動的樣子抱怨實驗打斷其日常工作。結果注射腎上腺素的參與者的心情受到這位同謀態度的影響：遇到快樂同謀的參與者評判自己的心情較佳，遇到憤怒同謀的參與者心情就變差。但是，如果參與者在一開始接受生理食鹽水的注射，沒有產生交感神經系統的興奮，他們的心情就不會受到同謀者偽裝的影響。

---

❹ 腎上腺素為一種導致交感神經系統興奮與心跳增加的激素。

從這一個實驗的結果我們可以推論，一定要有生理激動的訊號回饋之後，人們才會企圖擷取外界訊息來解釋生理激動為何，接著再依此詮釋主觀感受。既然腎上腺素會啟動人類對情緒經驗尋求解釋，產生主觀感受，那腎上腺素如何發揮這一作用而影響到腦部運作呢？由於神經機制的研究難以在人身上進行，對於這個問題的探討，我們又得再回歸到動物實驗。

我的實驗室曾在大鼠身上探討腎上腺素對於情緒記憶的影響。一般而言，老鼠偏好黑暗的環境。如果讓老鼠在一個亮的箱子和一個暗的箱子之間作抉擇，牠們很快就會跑進暗的箱子裡去。但如果在老鼠跑進暗的箱子裡面去以後給牠一個短暫電擊，牠下次就會猶豫而不敢進去。電擊的強度會影響老鼠遲疑的時間長度，如果是很強的電流，牠接下來可能無論如何都不願再進去，但若是很微弱的電流，牠下次可能遲疑個百餘秒之後就嘗試再度進入黑箱。注射腎上腺素會對老鼠記憶這個反應有所影響。學習結束後立即將一定劑量的腎上腺素注射到老鼠身上，即使老鼠只受到輕微的電擊，第二天也會變得極度排拒再次進入曾有過電擊的暗箱。換言之，腎上腺素加上環境與電擊的配對出現，強化了老鼠對這個嫌惡情緒經驗的記憶。值得注意的是，如果只是施打腎上腺素，不給任何的電擊經驗，老鼠並不會對暗箱產生任何強烈的嫌惡感。而在夏特及辛格的人類實驗中，打生理食鹽水觀看快樂或憤怒的同謀者，情緒感受並不會受到影響。所以這兩個實驗結果互補的顯示生理激動與環境線索兩者缺一不可。

其實人類也有類似的情形，例如對於恐懼事件或是帶有強烈情緒的事件我們總是記得比較牢固，抑制腎上腺素作用的藥物會阻礙情緒經驗的記憶。然而腎上腺素其實無法通過血腦屏障 (blood-brain barrier)[5]，那周邊的腎上腺素所引發的訊息要如何影響腦部的運作呢？我們的實驗室以及國外其他學者

---

[5] 血腦屏障為防止在周邊血液循環的某些物質進入腦內的一個運作。

經過一系列的實驗研究，描繪出一個周邊交感神經反應回饋到中樞的神經路徑圖。從圖 4–9 可以看到，腎上腺素首先會啟動迷走神經影響腦幹內的正腎上腺素神經核，這些神經由杏仁核腹側通路 (ventral amygdalofugal pathway, VAF) 進入杏仁核，在該處釋放一種神經傳導素——正腎上腺素 (norepinephrine)，杏仁核再透過其聯外通路——終紋 (stria terminalis) 影響前腦結構，最後經由乙醯膽鹼 (acetylcholine) 影響海馬。這一通路的釐清，使得周邊回饋影響中樞運作有跡可循，亦即為詹姆士－蘭吉的情緒理論提供了一個可能的運作機制，雖然這仍然無法肯定動物是否具有和人一樣的主觀情緒經驗。然而發現海馬涉入情緒記憶為探討動物情緒的主觀意識經驗提供了一個可能的新窗口。

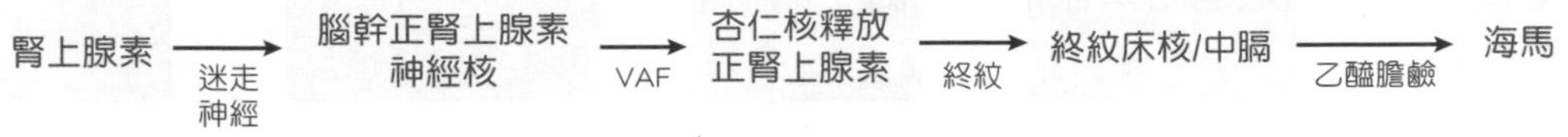

腎上腺素 →（迷走神經）→ 腦幹正腎上腺素神經核 →（VAF）→ 杏仁核釋放正腎上腺素 →（終紋）→ 終紋床核/中膈 →（乙醯膽鹼）→ 海馬

圖 4–9 腎上腺素如何影響腦部，進而影響記憶（VAF：杏仁核腹側通路）

情緒記憶與意識

海馬的意識記憶功能

前面提過海馬是邊緣系統中的重要結構之一，其實海馬還有另一個重要的功能——記憶。人類的長期記憶系統可分為內隱記憶和外顯記憶兩大系統（參見圖 4–10）。兩者最大的區別在於外顯記憶涉及有意識的回憶，能以語文陳述回憶的內容；但內隱記憶的回憶並未涉及意識，只是從行動或表現中顯示出記憶痕跡的存在。許多研究發現外顯記憶與人類的顳葉及其內部的海馬有密切關係。一個有名的失憶症患者 H.M. 因為治療癲癇而切除了左右腦半球顳葉的內側，其中包括海馬。手術後 H.M. 的癲癇被控制住，但從此失

去了有意識的長期記憶，雖然他依然保留了短期記憶與無意識的記憶。後續一些研究指出光是損及海馬就會產生失憶的現象，海馬從此被視為人類有意識之外顯記憶的核心區域。

我們無從得知動物是否具有意識記憶。但是在動物研究發現，海馬內部有些細胞涉及處理空間與位置訊息，並在登錄、儲存與提取空間記憶上扮演重要角色，因而被認為是腦中認知輿圖 (cognitive map) 的所在。值得注意的是，有研究者指出，海馬此一空間系統，其本質是處理物件間的相對關係，最近甚至還有實驗將海馬的空間系統擴展到大鼠或蝙蝠了解自身與其他動物間的行為或情緒互動關係，換言之海馬處理的相對位置，不僅限於空間，也涉及推己及人或將心比心的同理運作 (empathetic act)。這一擴展暗示了邊緣系統或是海馬這個結構在情緒意識中的可能地位。

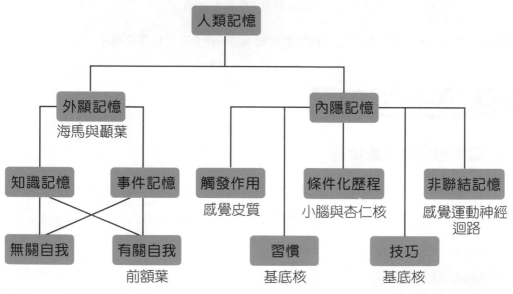

圖 4-10 人類的記憶系統

古典條件學習與意識

　　海馬和意識有關的證據，也可以從古典條件學習中「延宕式條件化」(delayed conditioning) 與「痕跡式條件化」(trace conditioning) 兩類作業的差別處理歷程中推論得到。

　　在古典條件學習中，比如鈴聲與電擊配對出現會導致恐懼這例子，鈴聲是條件刺激 (conditioned stimulus, CS)，電擊是無條件刺激 (unconditioned stimulus, US)，恐懼則是條件反應 (conditioned response, CR)。在延宕式古典條件學習作業中，CS 會先出現一段時間之後 US 才出現，但是兩者會共同持續一段時間後才結束。比如鈴聲先響起，響了一陣子以後在鈴響結束之前電擊就已經出現。在痕跡式古典條件學習作業中，CS 一樣先出現，但在 CS 結束一段時間以後，US 才會出現。也就是說鈴聲已經停止，隔了一段時間空檔後，電擊才出現。這兩種古典條件學習作業跟意識有什麼關係呢？兩個刺激在時間向度上的連續，是得以形成聯結的重要條件，這在延宕古典條件學習中並無問題。但在痕跡古典條件學習中，兩個刺激其實在時間上已被空檔分隔而非連續，它們的聯結就有賴意識居中媒介。

　　研究發現，當人類在進行延宕式古典條件學習時，不管有沒有意識到 CS 和 US 之間的相互依存關係 (contingency)，都不會影響學習。然而在進行痕跡式古典條件學習時，人類一定要意識到 CS 和 US 兩者之間有先後出現的相互依存關係才有可能學會 CR 反應。海馬受損的失憶症患者，例如 H.M.，失去了有意識的外顯記憶但保留了無意識的內隱記憶，他們可以學會無需意識的延宕式條件作業，但卻無法學會需要意識的痕跡式條件作業。因此能否學會痕跡式的古典條件作業以及這一學習是否依賴海馬，就成為某些研究意識的神經科學家推論動物是否具有類似人類意識運作的判準之一。在大鼠學習恐懼條件反應上，兩個問題都得到肯定的答案：大鼠可以學會痕跡式恐懼

條件學習，但是破壞海馬就使得這樣的記憶消失。這暗示大鼠不僅可以對電擊的早期預警訊號產生驚懼的防衛反應，也可能對它產生恐懼意識。

海馬相關記憶之特徵──反應靈活性

美國的記憶研究者艾懇榜 (Howard B. Eichenbaum, 1947–2017) 認為凡是海馬參與在內的記憶運作，皆有一共同特徵，就是具備運作的靈活性 (flexibility)，亦即能夠因應情境不同而隨機使用，產生最適合當時狀況的行為。這被認為是意識的可能功用之一。

臺大醫學院藥理科的符文美教授與她的同事錢韋玲博士曾在我的實驗室作過一個這樣的實驗：將一個箱子分隔成相連的兩廂，一廂有亮光，另一廂是黑暗的。老鼠一開始會被放置在亮廂中，牠們喜歡暗處所以會自動走入暗廂。當老鼠從亮廂踏入暗廂時，便對牠們施予輕微的電擊，並給予促進記憶的藥物 YC-1。因為電擊會形成恐懼記憶，打過 YC-1 的老鼠以後被放入亮廂便會因害怕而僵住，遲遲不敢進入暗廂。那如果直接把老鼠放進暗廂，牠們也一樣僵在那兒不動嗎？實驗結果並非如此，學習後將老鼠放入暗廂中，打過 YC-1 的老鼠會比其他老鼠更快的跑回亮廂中去，而非呈現「見到黑暗就不要動」這個僵化的反應。這表示老鼠學會的恐懼記憶能夠因地制宜，做出最恰當的行為。

另一可能近似例子是在 20 世紀中葉一位美國學者利德爾 (Howard Liddell, 1895–1967) 曾訓練羊聽到一聲響之後，腳下踩著的鐵板就會通電，羊必須縮起腳來避免電擊，最後羊學會聽到聲音一響就立即抬腳。這時利德爾讓綿羊躺下，頭枕在鐵板上而四腳懸空，他想知道當羊再度聽到聲響時，還會收縮牠舉在空中的腳嗎？結果羊是抬起牠的頭而不是縮回牠的腳。這顯示綿羊學會的恐懼記憶是聲音出現與鐵板通電的關聯性，牠根據這知識與身體的所處狀況作出彈性的反應，以因應這變化萬千的世界。

有人認為意識的作用之一就是讓行為能夠更具靈活性。李貝特的經典實驗探討主觀意識、神經活動與動作行為間的關係，研究結果顯示，早在決定要動作的主觀意識出現之前,控制動作的腦部運動區就已經有神經活動了[6]。既然動作早已在腦內啟動，應可按部就班的透過神經傳輸而遂行，那我們為何還需要產生主觀意識？大腦不是搶在意識產生前就下指令開始進行後續動作了嗎？對此，李貝特提出的一個看法是，主觀意識可以讓我們根據情境去改變預先設定好的行為、或甚至是中止已經在準備執行的動作，這使得我們的行動能更靈活的符合變動不居的情境需求。而上述的實驗結果顯示，恐懼經驗的記憶可以對不同的刺激情境做出最合宜的反應，這有賴於海馬的運作，使得動物在調節與因應情緒經驗上，可擺脫先天反射的桎梏，而具有某種程度的靈活性。這可以暗示動物或許具有某種程度的情緒意識。

人與動物的情緒調節與因應

根據上述的討論,情緒覺察使動物和人類能根據情境來改變自己的行為，甚或調節自己的情緒反應，進而提升生存機率。有一研究要求人在經歷某項壓力之後，寫下自己的情緒感受，然後一半人要壓抑所寫的內容，另一半則專注於其上。結果發現，那些壓抑情緒經驗者，傷口癒合較慢；但專注在自己陳述之情緒經驗者，傷口癒合較快。傷口癒合的快慢，通常反映了免疫能力良窳，所以適當的抒發壓力下的情緒是可以增強免疫力的。在另一個負向情緒標定效應的研究中，參與者在觀看負面情緒的臉孔照片之後，都會覺得心情變差。但當他們把看到的臉部表情加以描述標定以後，情緒便獲得改善。腦部磁振功能性造影進一步顯示，情緒的書寫標定會興奮右腦的腹外側前額葉皮質，該區域被認為與負向情緒處理有關。此處可透過前額葉內側抑制杏

---

[6] 實驗詳情請參閱本書 p. 13 和 p. 137。

仁核的反應，從而降低情緒反應。這顯示情緒經驗會受認知活動的調節，且有明確的腦神經機制可循。

　　動物一樣能夠進行情緒調節，不過實驗方式當然不是要牠們書寫自己的情緒經驗。「習得性無助」(learned helplessness) 提供了一個情緒調節的例子。有研究發現，若狗被固定在一個處所，並不停的受到電擊。一開始牠會哀號並企圖逃走，但因被圈住而無法成功，最後只得放棄，逆來順受而完全不動。這時即使將狗換到另一個新環境，而這個新環境的電擊是可以逃離，但是狗有過先前無法脫逃的經驗後，就不會試圖逃走。這種「習得性的無助感」被認為是人類產生憂鬱症的重要原因之一。

　　針對這個現象，曾有研究者做了一個有趣的實驗，將兩隻老鼠關在同一環境，一起接受電擊。這樣的實驗條件下，兩隻老鼠在接受電擊時會相互的攻擊，大打出手。但隨後到了其他情境，牠們各自都沒有發展出「習得性無助」，遇到電擊就會設法脫逃。對於這個現象可能的解釋之一是，遭遇挫折時，動物和人一樣都傾向將自己的遭遇訴諸於環境中的其他因素，因而不會認為是自身的無能或無助。因此身外最明顯的物體常成為代罪羔羊或解釋原因。夏特與辛格實驗中注射腎上腺素的參與者，借助同伴的行為來解釋自身莫名的激動，也如出一轍。由此可以看出，情緒事件的因應可以倒轉過來調節動物的情緒感受，上述對情緒產生的原委作認知上的歸因 (attribution) 便是一個明顯的例子。

　　環境中其他刺激能夠調節情緒經驗還有一個例子。成大游一龍教授有個有趣的發現，那就是同伴的存在能夠提升老鼠承受壓力的程度。若是把老鼠單獨放在一個很小的空間中，並且讓牠的身體一半泡在水中，老鼠會覺得不適，而且海馬中的新生神經細胞也會減少數量。但如果有一群老鼠相伴承受同樣的壓力，反而大家都沒事，海馬的新生細胞也不會減少。更有趣的是，讓一隻老鼠單獨承受壓力，但牠若能聞到共籠同伴的味道，也可以降低壓力

的影響，減低海馬新生細胞所受到的抑制。這表示社會或心理上的支持，對人或老鼠而言，都是應付壓力調節情緒的良方。

從上述一系列的實驗都可以看出，無論是人或動物，物理衝擊不必然決定個體的情緒經驗，邊緣系統透過和大腦皮質的聯繫，使得認知或社會因應（詮釋、歸因或社會支持等）有機會改變情緒的感受或反應。這樣的可變性可能來自各種皮質輸入訊息在邊緣系統的情緒迴路中產生震盪時的整合。

◆ 動物的感同身受與利他行為 ◆

能有效而靈活的因應情緒刺激只是鑑定情緒意識存在的必要條件之一。如果動物能覺察其他個體的情緒狀態，並且做出合宜的反應，甚至能對受困的同伴伸出援手，以某種學來而非反射的行為救困解厄，這會是存在情緒意識較強而有力的證據。我的實驗室發現，當老鼠觀察到同伴被電擊時，在旁的觀察者自己雖然沒有被電到，也會像被電到的老鼠一樣體溫上升，並且出現僵懼的行為。在後續與臺大生科系嚴震東教授合作的實驗更進一步的發現，沒被電擊的觀察鼠除了出現僵懼行為以外，其間還會接近遭受電擊的老鼠，這或許與人類關心同伴的行為有相似處，只不過我們無從得知老鼠是不是真的在「關心」其他個體。

嚴教授與吳玟誼博士發現，老鼠腦中位於扣帶回皮質的前方有兩類神經元與這樣的反應有關。其中一類神經元對同伴或自己的疼痛有相似的反應，它們可被稱為同相反應神經元 (shared-response neuron)。另一類神經元則是對自己疼痛和對別人疼痛有相反的反應，可被稱為逆相反應神經元 (anti-response neuron)。可能在這兩類神經元共同作用之下，老鼠才能對其他老鼠「感同身受」，但又不至於傻傻分不清現在被電的到底是自己還是別人。

老鼠是否真對同伴的疼痛感同身受，其實無從得知。但是如果牠真能如此，在行為上應該會對身陷困境的同伴伸出援手，而且這救援的動作必須不

是老鼠的先天反射行為。我的研究生鄭志帆訓練老鼠學習看到電擊的預警訊號（燈光）就按下槓桿，阻止電擊，這是一個依賴工具學習的作業。老鼠一開始不知如何是好，慢慢學會被電之後按下槓桿，最後學會燈光出現電擊還未來時就按下槓桿，防止自己被電。他隨後再把兩隻老鼠放在彼此串聯的兩個相鄰籠子裡，測試當一隻老鼠看到隔壁的同伴無法自行阻止電擊時，是否會試圖按下槓桿去拯救隔壁老鼠？實驗結果是肯定的！值得注意的是，出手相救的老鼠本身已經不會被電，就算牠袖手旁觀也不致於受到懲罰。這似乎暗示著老鼠其實也能依照同伴的情緒狀態做出合適的利他行為！此外，吳玟誼博士與嚴震東老師也發現，老鼠也能觸動機關將另外一隻老鼠從禁錮中解放出來，並且在老鼠做出這一利他性動作之前約 5、6 秒，有一群位於腦島或前扣帶回皮質的神經元的活動會升高。且這群神經元和前面提到過的「同相反應神經元」有一部分重疊，這或許表示動物的感同身受和利他行為有共享的神經基礎。

不同層次意識的演化

　　上述的種種證據顯示動物對自身或同伴的情緒狀態能有所覺察，並能做出合宜的行為讓自己或同伴擺脫不好的情緒刺激。但這是否就等同於人類的主觀情緒意識，還是難以認定。生態神經科學家潘瑟普 (Jaak Panksepp, 1943–2017) 曾對意識提出一個看法，他認為意識不是全有或全無的截然二分，而是演化出很多的漸進層次（圖 4–11）。某些動物只有對刺激的固定反射行為，包括爬蟲類在內的動物都屬於這個層次。然後大腦皮質部光滑的哺乳類，開始演化產生情緒意識。再來到靈長類，演化出認知意識。然後是大猩猩層級的自我意識，再接下來則是人類的後設統整意識，也就是「我知道自己是有意識的」、「我知道我現在的意識狀態為何」這種高階覺察。演化如果持續進行，以後說不準還會出現其他種類的意識呢！

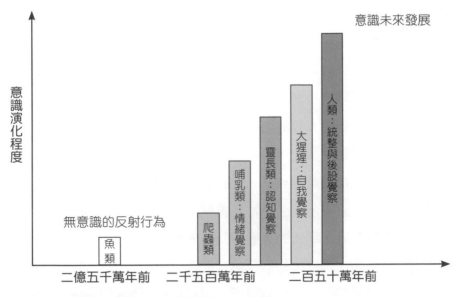

意識未來發展

意識演化程度

無意識的反射行為

人類：統整與後設覺察

大猩猩：自我覺察

靈長類：認知覺察

哺乳類：情緒覺察

爬蟲類

魚類

二億五千萬年前　　二千五百萬年前　　二百五十萬年前

圖 4-11 不同層次意識的演化——意識不是只有一個層次

　　一位早期的英國神經學家惠林士‧傑克森 (John Hughlings Jackson, 1835–1911) 認為，一項心智功能在腦中的表徵不會是單一的，而是有階層式的多重表徵，通常高階的表徵可以控制低階的表徵。當腦部某處受損之後，該區所掌管的認知功能不會完全消失，而是回歸到較低一級的層次。若是這樣，當意識演化出不同的層次時，則對於情緒的意識可能也會有不同的層次，魚類與爬蟲類對好惡也許只有反射式的防衛與趨近行動，哺乳類出現主觀的情緒覺察，靈長類產生情緒與認知的意識互動，大猩猩有情緒的自我歸屬感，人類則對自己以及他人（甚或動物）的情緒作種種的監控與設想，並能提出有關情緒的理論 。 所以不同程度的情緒意識可以從反射式情緒 (reflexive emotion) 一直進展到反思式情緒 (reflective emotion)！不同的物種可以達到的程度可能有所不同，即使擁有最高級情緒意識的人類，在不同的時機運作的層次也不相同：當一個人到了「怒由心中起，惡向膽邊生」的時候，也許主導的就剩下最原始的走低徑的反射式攻擊行為了，換言之他對自身的情緒反應完全失卻了有意圖的主宰！

意識是主觀的，我們對於別人的意識，只能透過別人的行為來推測。人類具有語言，使得我們較為容易驗證自己對他人的推測是否和他人心中所想的一致。動物無法使用人類的語言來報告牠們的意識狀態，使我們在驗證推論上產生困難。但如果我們可以用人的行為來推論他人的意識，那我們也可以利用動物行為來推論動物意識。這就是何以有些研究者從魚類或其他物種有明顯的逃避行為而暗示或引申牠們具備有如人類一般的厭惡感受。但是從本文一系列的討論看，制式的逃避行為其實離人類的主觀情緒意識還有一段距離，它只需要通往杏仁核的低徑訊息就可完成，這也許只是情緒意識的一個雛形，或有助於其產生的一個種子，這些情緒反應對中樞的回饋要重新進入邊緣系統，甚至兩者間要有幾回的訊息交換，才能產生情緒意識，一如詹姆士－蘭吉或是翟恩茨在其情緒理論或假說中所暗示的。諾貝爾獎得主愛德蒙認為「往復神經迴路」(re-entry neural circuitry)❼是產生意識的一個條件；就情緒意識而言，其中一個往復迴路存在於身體周邊與邊緣系統之間。

本章談及神經結構的演化，情緒與邊緣系統的出現有密切關係，在演化上這是介於新皮質與腦幹系統間的結構。在許多哺乳動物中，它同時接受到腦幹的輸入與新皮質的輸出。我們引述了一些實驗證據說明邊緣系統是藉著「由下上傳」(bottom-up) 與「從上下達」(top-down) 兩種訊息的互動產生情緒的主觀感受。周邊的生理反應回饋可以影響中樞的意識運作，符合認知科

---

❼ 往復神經迴路是指一項神經訊息逐步由低階透過上行神經通路送往高階處理，意識並非在訊息到達高階後即可產生，而是須由高階透過下行神經通路將訊息處理結果回送到每一階層，並使得各層次處理該訊息之神經元彼此協調產生神經活動共振訊息才會到達意識層次。

學中「體化認知」(embodied cognition)⑧的概念，認知表徵其實包含身體跟世界的互動在內，情緒表徵亦然。本章也提到，跨越時空的痕跡式條件聯結被視為意識是否介入的指標之一，邊緣系統的海馬參與了這樣的聯結。然而對外在環境的刺激能做出靈活的彈性反應，並能掌握其他個體的情緒狀況再據以調整自身行為來因應社會互動，是情緒意識更重要的功能，這一功能有賴於大腦皮質對邊緣系統所提供的訊息。因此，情緒意識極可能是透過「由下上傳」與「從上下達」兩種訊息在邊緣系統多次進出激盪而產生的。

　若意識真如潘瑟普所言，並非只是單純「有」和「無」，而是漸進式的層次區隔，那麼人和動物在情緒意識上的差別，就不是那麼截然二分，而是各自具有哪些的意識內容和目前的運作到達哪一個意識的層級了。因此就某些情緒感受而言，人與動物間的差別，有可能真如孟子所說的：「人之所以異於禽獸者，幾希」。

---

⑧ 體化認知是指人類認知內容的內在表徵不僅涉及腦部活動與抽象概念內涵間的對應，也包含人整個身體與環境的互動所獲得的訊息，一如發展心理學家皮亞傑 (Jean Piaget, 1896–1980) 所言人類認知發軔於嬰兒透過身體的感覺運動功能 (sensori-motor function) 對環境的探索。情緒的主觀感受涉及周邊臟器對腦部由下上傳的訊號也符合此一概念。

參考文獻

◆ 李囿運、謝淑蘭、翁嘉英、孫蒨如、梁庚辰 (2012)。〈情緒影片誘發的自律神經反應模式〉。《中華心理學刊》，54，527–560。

◆ 梁庚辰、廖瑞銘、孫蒨如 (2013)。〈「臺灣地區華人情緒刺激常模資料」專輯序言〉。《中華心理學刊》，55(4)，i–xv。

◆ 陳學志、卓淑玲 (2018)。《動機與情緒》。見梁庚辰 (主編)：《心理學：身體、心靈與文化的整合》。臺北市：國立臺灣大學出版中心。

◆ Adelmann, P.K. & Zajonc, R. B. (1989). Facial Efference and the Experience of Emotion. *Annual Review of Psychology, 40*, 249–280.

◆ Cherng, C. G., Lin, P.-S., Chuang, J.-Y., Chang, W.-T. Lee, Y.-S., Kao, G.-S., Yu, L. (2010). Presence of Conspecifics and Their Odor-Impregnated Objects Reverse Stress-Decreased Neurogenesis in Mouse Dentate Gyrus. *Journal of Neurochemistry, 112*(5), 1138–1146.

◆ Chien, W.-L., Liang, K.-C., Teng, C.-M., Kuo, S.-C., Lee, F-Y & Fu, W-M. (2005). Enhancement of Learning Behavior by a Potent Nitric Oxide-Guanylate Cyclase Activator YC-1. *European Journal of Neuroscience, 21*, 1679–1688.

◆ Clark, R. E. & Squire, L. R. (1998). Classical Conditioning and Brain Systems: The Role of Awareness. *Science, 289*, 77–81.

◆ Cohen, N. & Eichenbaum, H. (1993). *Memory, Amnesia, and the Hippocampal System*. A Bradford Book. Cambridge, MA: MIT Press.

◆ Darwin, C. (1872/1965). *The Expression of the Emotions in Man and Animals*. (With a New Introduction by Konrad Lorenz.) Chicago, IL: Chicago University Press.

◆ Dutton, D. G. & Aron, A. P. (1974). Some Evidence for Heitghtened Sexual Attraction Under Conditions of High Anxiety. *Journal of Personality and Social Psychology, 30*, 520–517.

◆ Edelman, G. M. & Mountcastle, V. B. (1978). *The Mindful Brain: Cortical Organization and Group Selective Theory of Higher Brain Function*. Cambridge, MA: The MIT Press.

◆ Jeng, C.-F. (2015). A Study on Empathy in Rats: Prosocial Behavior in Active Avoidance Task. A Master Thesis Submitted to National Taiwan University.

◆ Kluver, H. & Bucy, P. C. (1939). Preliminary Analysis of Functions of Temporal Lobes in Monkeys. *Archieves of Neurology and Psychiatry, 42*, 979–1000.

◆ Knutson, B. & Greer, M. S. (2008). Anticipatory Affect: Neural Correlates and Consequences for Choice. *Philosophical Transactions of The Royal Society*, B., 3771–3786.

◆ LeDoux, J. E. (1995). Emotion: Clues from the Brain. *Annual Review of Psychology, 45*, 209–233.

◆ LeDoux, J. E. (2000). Emotion Circuits in the Brain. *Annual Review of Neuroscience, 23*, 155–184.

◆ Liang, K. C. & Chen, D. Y. (2006). *The Memory Impairing Effect of Epinephrine on Latent Learning in an Inhibitory Avoidance Task is Mediated by Amygdala Modulation of the Hippocampus*. Program No. 575.5. 2006 Neuroscience Meeting Planner. Atlanta, GA: Society for Neuroscience, online.

◆ Liang, K. C. (2001). *Epinephrine Modulation of Memory: Amygdala Activation and Regulation of Long-Term Storage*. In P. E. Gold & W. T. Greenough (Eds.), Memory consolidation (pp. 165–183). Washington DC: American Psychological Association.

◆ Libet, B. (2004). *Mind Time: The Temporal Factor in Consciousness*. Cambridge, MA: Harvard University Press.

◆ Lieberman, M. D., Eisenberger, N. I., Crockett, M. J., Tom, S. M., Pfeifer, J. H. & Way, B. M. (2007). Putting Feelings into Words: Affect Labeling Disrupts Amygdala Activity in Response to Affective Stimuli. *Psychological Science, 18*, 421–428.

◆ MacLean, P. D. (1990). *The Triunebrain in Evolution: Role in Paleocerebral Functions*. New York, NY: Plenum Press.

◆ Macmillan, M. (2000). *An Odd Kind of Fame: Stories of Phineas Gage*. A Bradford Book. Cambridge, MA: MIT Press.

◆ Nummenmaa, L., Glerean, E., Hari, H. & Hietanen, J. K. (2014). Bodily Maps of Emotions. *Proceedings of the National Academy of Sciences, 111*, 646–651.

◆ O'Keefe, J. & Nadel, L. (1978). *The Hippocampus as a Cognitive Map*. Oxford, England: Oxford University Press.

◆ Olds, J. (1977). *Drives and Reinforcements: Behavioral Studies of Hypothalamic Functions*. New York, NY: Raven Press.

◆ Pankespp, J. (1998). *Affective Neuroscience: The Foundations of Human and Animal Emotions*. New York: Oxford University Press.

◆ Pennebaker, J. W. & Francis, M. E. (1996). Cognitive, Emotional and Language Processes in Disclosure. *Cognition & Emotion, 10*, 601–626.

◆ Schacter, S. & Singer, J. (1962). Cognitive, Social and Physiological Determinants of Emotional State. *Psychological Review, 69*, 379–399.

◆ Wu, W.-Y. (2016). *Shared Response Neurons in Anterior Cingulated and Insular Cortices Engage in Empathy-Like Behaviors of the Rat*. Ph.D. Dissertation Submitted to National Taiwan University.

◆ You, W.-K., Wu, W.-Y., Yen, C.-T. & Liang, K.-C. (2010). *Observing a Conspecific under Stress Augmented Stress-Induced Hyperthermia and Freezing Responses in a Freely-Moving by Stander Rat*. Presentation in Taiwan Psychological Association.

知覺與覺知
意識的二重奏

講者｜臺灣大學心理學系教授　葉素玲

彙整｜林雯菁

心理學是一門「心」的科學

自古希臘哲學開始，人類便對空間、時間、物質、人心等眾多議題感到興趣。由此便發展出了天文學、化學、物理學、數學、心理學等學門，以科學的方法來探討各個議題。沒錯，心理學和物理學、數學、化學、大氣科學、海洋學、生物學等學科一樣，皆隸屬於科學的範疇。既是一門科學，所使用的研究方法便須遵循科學的原則，包括具因果關係、可量化與測量、以及可重複驗證等。

在認知心理學興盛之前，心理學將我們的內在思考或心理歷程看作是一個黑盒子。也就是說，當時的研究者只看外在的反應和刺激，不去管內在歷程是怎麼回事。認知心理學興起之後，心理學家便開始用科學的方法來研究內在的認知歷程，意識即為其中一項內在認知歷程，但直至上世紀末期才受到科學界的關注。

意識是什麼？

到底什麼是意識呢？近來的研究，雖然已經在意識的各個面向有著長足的進步，但學界對意識仍然無法有一個清楚的定義。一般而言，人能察覺到自己的感官經驗或是所思所想，即是一種意識經驗。意識是人能察覺環境及自我的一種主觀經驗，有著現象經驗的內容和個人的主體性。然而，在尚未真正了解意識的內涵之前，意識是很難被定義的。想來也的確如此，如果我們還不清楚一個東西是什麼，那我們怎麼有辦法去定義它呢？不過很多人落入了「意識就是自我知覺」的陷阱之中，或以為只要對外界有知覺就等於有意識，知覺與意識的確息息相關，但意識涵蓋的範圍更廣。以下將從知覺的研究介紹來說明原委。

知覺 (perception)

知覺是感官訊息加以詮釋後的結果

其實我們每一天，無時無刻不在感受到知覺經驗。不論是早上填飽肚子的一頓美味早餐、提振精神的咖啡香、迎面撲來讓人覺得涼爽的徐徐微風、山水落日所形成的美好景致、或是出自大師之手令人驚嘆的藝術品等等，每一樣都給予我們獨特的知覺經驗。知覺經驗其實是由基本感官——聽覺、嗅覺、觸覺、視覺、味覺所感受到以及所賦予這些感覺經驗的知覺所組成。但知覺和感覺又有什麼不同呢？知覺比感覺多的部分，在於知覺會將感官系統進入的訊息加以組織、整合之後賦予意義，這些都是需要主動建構的歷程。所以知覺經驗的內容比感官經歷來得多，因為知覺經驗除了包含了觀察者的感覺訊息，還結合了根據我們過去的經驗對感覺訊息所建構的意義。

以圖 5-1 作為例子來說明知覺的作用。在這張模糊的圖片中，讀者可能會覺得圖片內包含了建築物、道路、一個行人和一輛車子，這是知覺系統在我們見到圖片之後的一瞬間內便對道路上這兩個黑色模糊的物體所賦予的意義。但事實上，這兩個模糊的物體其實是一模一樣的，只不過一個是直立的，一個是橫躺的。這兩個物體本身不含太多內容，沒有足夠訊息可以讓我們知道那是什麼，但知覺系統在感覺刺激輸入後，主動去建構這兩個物體的意義，讓我們覺得一個是車子、一個是行人。

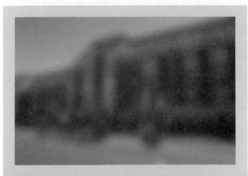

圖 5-1
你認為這張模糊的圖片中有什麼？

另一個例子是這樣，請閱讀以下這段文字：

Aoccdring to a rschearch at Cmabrigde Uinversity it deosn't mttaer in waht oredr the ltteer in a word are, the olny ipromoetnt tihng is taht the frist and lsat ltteer be at the rgiht place.

在這段文字中，多數英文字的拼法都有誤，但你可能還是可以了解這段文字的意思。這是因為知覺系統根據我們過去的經驗，把視覺系統所接收到的物理訊息組織、脈絡化，變成了我們所理解的訊息。

借用管理學大師彼得・杜拉克 (Peter Ferdinand Drucker, 1909–2005) 所說的故事來比喻感覺和知覺的不同：「有兩位石匠正在路邊賣力的工作。一位路過的人問他們在做什麼。第一位石匠回答：『我正在將石塊切成適合的形狀與大小』；第二位石匠則回答：『我正在蓋一座大教堂』。」感覺系統的作用與第一位石匠的工作內容較為相近，它負責篩選、轉化外界輸入的聲波、電磁波等不同類型的物理刺激，讓這些物理刺激轉換成大腦可以處理的型態。這類基礎的感官加工歷程便是所謂的「感覺」(sensation)，是一個由最原始的材料逐漸往上精煉 (bottom-up) 的歷程。而第二位石匠比較像知覺系統，也就是說我們採集與加工感覺素材，其實都是為了某種目標或願景而進行的，例如蓋一座教堂。所以我們常會觀察到這些目標跟願景對感覺經驗產生塑造的力量，就像在圖 5–1 這個例子中我們會把模模糊糊的東西看成車子或人，或是我們仍然能從錯誤百出的文字當中讀出有意義的訊息，都是由上而下 (top-down) 的歷程所造成的。

知覺會受到過去經驗的影響

知覺如何詮釋感覺訊息，其實與我們過去的經驗有關。同樣的感覺經驗，因每個人之個人經驗不同，所產生的知覺經驗也可能有異。

以圖 5-2 為例，如果我們先看到 A 圖中的左邊那張圖，再看 B 圖，可能就會把 B 圖看成是老鼠。但如果我們先看到的是 A 圖中的右邊那張圖，當我們看到 B 圖時可能就會覺得那是一個老頭。這個例子顯示，非常短暫的經驗差異，就能夠使我們產生不同的知覺經驗。

圖 5-2　你看到了什麼？(Bugelski and Alampay, 1961)

當然，更為長期的經驗差異也會對知覺經驗有所影響。好比美國人和中國人或臺灣人的似動運動 (apparent motion) 就有所不同。似動運動是一種運動知覺，也就是看到東西像跑馬燈一樣移動時所產生的知覺經驗。在 Tse 和 Cavanagh 於 2000 年所發表的一個研究中，他們請中國留學生和不會中文的美國人觀看一段段的動畫。每段影片的內容都是一個中文字從第一畫到最後一畫，一筆一畫依序出現的動畫。而實驗參與者的任務，便是判斷動畫中每個字的最後一筆畫出現的方向為何。

舉個例子，其中一個字是「当」，那麼實驗參與者的任務就是辨別動畫中的最後一筆畫，也就是「当」字最下面那一橫在動畫中是由右至左出現，還是由左至右出現的。在該實驗中，多數的美國人都認為是由右至左，但中國人的答案卻是由左至右，暗示著由於文化經驗的不同而使得最為基本的運動知覺有所差異。

以上述實驗為基礎，我們在 2003 年發表了一個延伸的實驗，改用「雪」和「彗」字作為刺激（如圖 5-3）。在該實驗中，除了使用 Tse 與 Canavagh 的實驗中所使用的刺激（類似於楷書、筆畫出現速度近似於真實的書寫速度、筆劃出現順序與一般書寫順序相同的動畫）以外，還使用了其他 7 種不同的動畫（字體類似楷書與否、速度快慢、筆畫是否符合順序，這 3 項共 8 種組合）。實驗結果發現，臺灣的參與者只有在觀看類似於 Tse 與 Canavagh 的實驗中所使用的刺激時，才會覺得「雪」和「彗」字的最後那一橫是由左到右出現的。但是事實上不管是在哪一個動畫中，這一橫其實是整個一起出現，既非由左至右，也非由右至左。而不管我們知覺到它是由右至左，或由左至右，都是因為長期經驗對知覺所造成的影響。

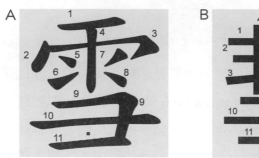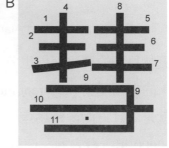

圖 5-3　A 與 B 圖所示的兩字若以動畫一筆一筆呈現（數字為各筆畫的呈現順序，實際實驗時並未出現），則僅有當符合過去書寫經驗的情況下（楷書、近似書寫速度、依筆畫順序），才會看成最後一畫是由左到右 (Li and Yeh, 2003)

知覺中的對比原則

在某些例子中，我們也可以輕易的察覺到經驗對知覺所造成的影響。例如當我們先摸了一杯很冷的水之後，就會覺得一杯等同於室溫的水是熱的。但若我們先摸了很熱的水，就會覺得這杯水是冷的。這是所謂的對比原則。

在閃現臉孔錯覺 (flashed face illusion)❶ 當中，當我們將眼睛盯著畫面中央的十字看，而兩旁俊男美女的照片一張接一張變換時，會覺得這些照片上的臉似乎變得扭曲。對比原則在此也發揮一些作用。

知覺恆常性 (perceptual constancy)

知覺具有恆常性之特點。比方說當我們從一個大演講廳的最後排座位看講臺上的講者時，這個講者在我們視網膜上的成像應該是很小的，當他走到我們的座位旁邊來時，他在我們視網膜的成像會變大許多。可是，我們不會認為這個人變大或縮小了，而是會把他看成一樣大，這是因為大小具有恆常性。形狀和色彩也具有恆常性。例如，黃色的香蕉不管是在白色的燈光下或是藍色的燈光下，我們都會把它看作是黃色的，在不同方向看會有不同的形狀但都會認為是香蕉的形狀，雖然感覺系統在這些情況下應該會接收到不同的物理刺激。

這些都是因為我們的知覺系統傾向於把外界的物體視為它固有的本質，是以不受距離遠近、視角改變、光線不同或其他各式各樣因素的影響，恆常維持固定的樣貌。

---

❶ 各位可以以此為關鍵字在網路上搜尋影片，例如：Shocking Illusion—Pretty Celebrities Turn Ugly!, https://www.youtube.com/watch?v=VT9i99D_9gl

▶ 知覺的組織功能 ◀

　　我們過去的研究發現中文字可依字形不同來做分類，像「印」、「念」、「迄」、「眉」、「固」這5個字各自分屬不同的字形結構。例如「印」字是由左右兩個部件組成，「念」由上下兩個部件組成。對於熟悉中文的我們而言，我們可以輕易的將不同的字歸類到相對應的字形結構中。但是對於不懂中文的美國人而言，他們的知覺系統如何看待與理解這些字呢？

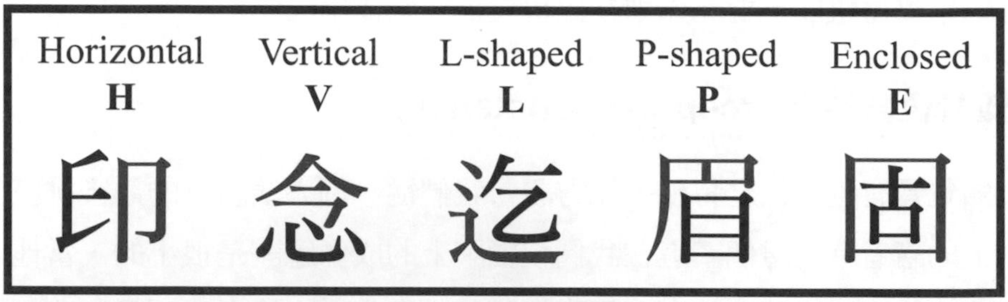

中文的5種字型結構

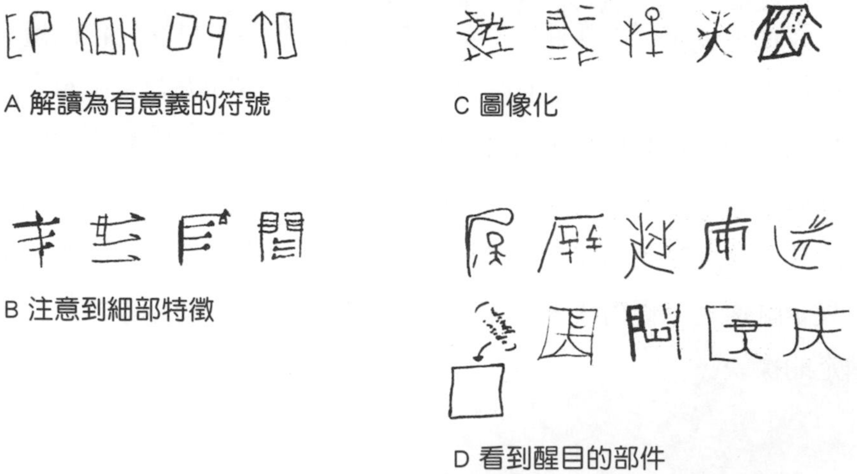

A 解讀為有意義的符號

C 圖像化

B 注意到細部特徵

D 看到醒目的部件

圖 5–4　將中文字依字形結構分類（上圖）(Yeh et al., 1997)。美國大學生對於中文字的字形知覺（下圖）。有些會將之解讀為有意義的符號 A、注意到細明體如書法的回勾等細部特徵 B、將之圖像化 C、看到醒目的部件 D 等。在 D 的左下方是一位參與者甚至記得有一個方框，裡面填有一些內容（標註的英文是：stuff inside）(Yeh et al., 2003)

從圖 5–4 可以看到幾個例子。例如有些美國人把「印」這個字看作是 E 和 P 兩個字母的組合，也有人把它看作 0 和 9，也就是說他們知覺到的是一些自己可以理解的文字符號。另外其他人也知覺到像是三角形或線條等突出的幾何圖形，或是像人、樹、房子或其他有意義的圖案。但是對於熟知中文的我們而言，我們很輕易就能把這些符號組織成有意義的「字」，並迅速的抽取其意義。這就如同前面所提到的，即使是一連串拼法有誤的英文字，我們還是可以輕易的把它們組織成有意義的句子。

脈絡效應 (contextual effect) 影響知覺

脈絡對於知覺的影響也很大。在圖 5–1 的例子中，圖片是非常模糊的，但人們卻還是看出了車子和行人，這就是因為圖片中具有「街道」這個脈絡。如果把這個模糊的物體擺在廚房裡，或許它就會被看作是鍋子或其他廚房裡會出現的物品。

脈絡效應讓人們得以建立一個以相對性（而非絕對性）來運作的知覺模式。好處是當環境變動、所有的物理刺激都更動的情況下，脈絡效應可以讓我們維持知覺恆常性。在圖 5–5 的左圖中，兩個可樂罐在視網膜上的成像雖然一大一小，但因為從地上的磁磚所提供的脈絡可以得知其實這兩個可樂罐的距離一遠一近，所以我們會覺得這兩個可樂罐一樣大。至於右圖中一遠一近的兩個人在視網膜上的成像大小其實相距甚大（把兩個人並排在一起就會發現大小確實差很多），但我們原本並不會覺得這樣有什麼奇怪的。那是因為我們已經自動把距離遠近這個脈絡考慮進去了。

圖 5-5 脈絡效應

知覺對判斷和行為會造成影響

　　知覺還會影響人們的判斷與行為。在一項研究中，研究者請參與者根據臉孔判斷陌生人的個性，但是在他們做判斷之前研究者會先遞給每位參與者一杯熱咖啡或冰咖啡。實驗結果發現，當參與者接到一杯熱咖啡之後，會認為陌生人看起來比較友善、溫暖。但若參與者接到的是冰咖啡，他們便覺得陌生人的人格是比較冷淡的。這樣的結果顯示溫覺會影響我們對他人的好感與否，所以口語中所言「提供他人溫暖」，的確可以包括實質的和感受的兩種，而這兩種互有關聯。

知覺意識來自於腦

　　因發現 DNA 雙螺旋結構而獲得諾貝爾生醫獎的克里克，在其著作《驚異的假說》(*The Astonishing Hypothesis*) 一書中提到，心靈和意識純粹是神經細胞跟化學分子的總體表現。也就是說，我們的意識和知覺，其實都來自於大腦。

　　從哪些證據可以看出知覺意識來自於腦呢？其中部分證據是，藥物、酒精或甚至是毒品都會對知覺有影響，而大家都清楚這些物質的作用對象就是

腦。其他證據則是從對腦施予電刺激這樣的實驗方法所得到的研究結果。而腦造影的儀器和腦損傷病患也提供了許多證據，因為研究者可以比對病患腦部受損的部位和他們行為表現的缺損，藉此了解知覺運作的各個層次需要哪些腦部區域的運作。

1.大腦功能的分區

同樣是諾貝爾獎得主的休伯爾 (David Hunter Hubel, 1926–2013) 和威澤爾 (Torsten Nils Wiesel, 1924–　)，兩人的研究增進了人類對於視知覺運作、大腦神經細胞運作和組織架構的了解。他們的研究發現，在大腦枕葉的初級視覺皮質，也就是大腦處理視覺訊息的第一站，其實由很多小單元組成，而每個單元會針對特定方向的線條有所反應。這些成果就是以動物為實驗對象，以電極偵測視覺皮質神經元反應的實驗所得來的。

研究人員利用腦造影技術，已經得知不同的大腦功能分別由不同區塊的運作所支持。圖 5–6 便列舉了其中幾個例子，包括負責場景或地方的傍海馬辨位區 (parahippocampal place area, PPA)、臉部辨識的梭狀回辨臉區、身體部分的橫紋外體覺區 (extrastriate body area, EBA)、運動訊息處理的中側顳葉皮質區 (middle temporal area, MT)、 3D 訊息處理的內上側顳葉皮質區 (medial superior temporal area, MST) 等，至於他人說話聲音和嘴型兩者的整合、他人眼睛凝視方向的處理則由上顳顬溝這個區域負責。當然這些只是目前已知為數眾多的功能與腦區對應的一小部分。

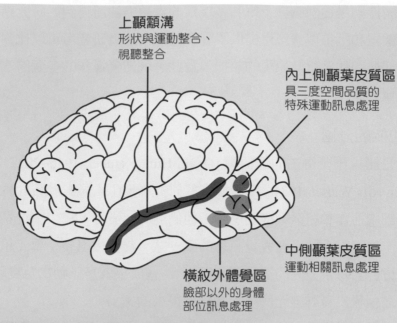

上顳顬溝
形狀與運動整合、
視聽整合

內上側顳葉皮質區
具三度空間品質的
特殊運動訊息處理

中側顳葉皮質區
運動相關訊息處理

橫紋外體覺區
臉部以外的身體
部位訊息處理

A 大腦側面圖

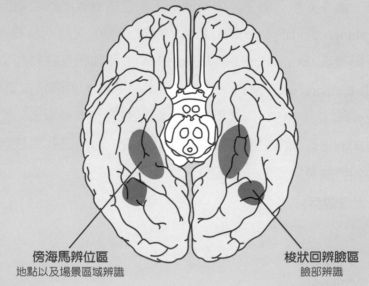

傍海馬辨位區
地點以及場景區域辨識

梭狀回辨臉區
臉部辨識

B 大腦腹面圖

圖 5–6　大腦功能分區

2. 視知覺的雙重路徑

　　過去研究也發現了所謂的「雙重路徑」——背側路徑與腹側路徑。其中背側路徑負責處理東西在哪裡 (where)，而腹側路徑負責的則是東西是什麼 (what)。在恩格萊多 (Leslie Ungerleider, 1946–) 跟米希金 (Mortimer Mishkin, 1926–) 於 1983 年所發表的論文中，他們發現不同路徑受損的猴子有不同的功能損傷。在圖 5–7 左圖中，食物若被放入距離圓柱比較近的容器中，猴子可以根據兩個容器哪個離圓柱比較近，來找到食物所在的位置。但背側路徑受損的猴子，無法辦到這件事。而在右圖中，食物若被放入立方體而不是三角柱容器中，猴子便必須根據容器的形狀來尋找食物。而無法完成此任務的，正是腹側路徑受損的猴子。根據這樣的發現，我們得以知悉背側與腹側路徑各自的功能為何。

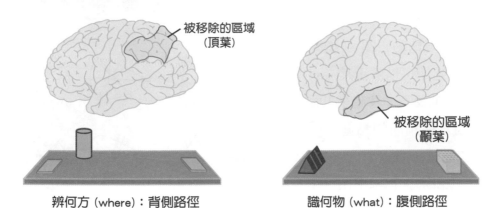

辨何方 (where)：背側路徑　　　　識何物 (what)：腹側路徑

圖 5–7　雙重路徑——辨何方與識何物 (Mishkin et al., 1983)

　　從猴子大腦觀察到的腹側／背側兩路徑的功能區別，也可在人類大腦找到。學者米爾納 (David Milner, 1943–) 與古爾德 (Melvyn Goodale, 1943–) 曾發表過關於一位腦傷病患 DF 的研究。這位年輕的病患因一氧化碳中毒造成外側枕葉（屬於腹側路徑的一部分）嚴重受損，並且導致她的形狀知覺受損而無法辨識形狀 (visual form agnosia)。當研究者給 DF 看書本或是蘋果的圖片（例如

像是圖 5–8 當中最左邊的一欄），並要求她照著描繪時，她會畫出中間那一欄很明顯與原圖不相像的圖。但這不是因為她畫圖能力很差所造成的，因為若是要求她依照自己記憶中的書本和蘋果的樣子來描繪，她確實可以畫出這兩樣物品的樣貌（如圖 5–8 右欄）。由中間這欄照著畫的結果，顯示了 DF 的形狀知覺有所缺損。

另一方面，若要求 DF 拿起形狀不規則的石頭 （如圖 5–9），她卻可以像正常人一樣，穩穩的將石頭拿起來，而不會因為從錯誤的點施力而拿不起石頭。簡而言之，DF 無法辨識形狀，但她根據視覺來引導、產生動作的能力並未受損。也就是說，這兩種能力——「辨認形狀」和「如何動作」是可以被分離的。

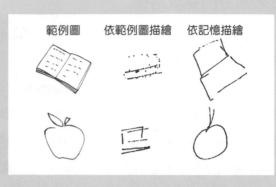

圖 5–8
腹側路徑受損的病患 DF 無法辨識形狀 (Goodale and Milner, 2004)

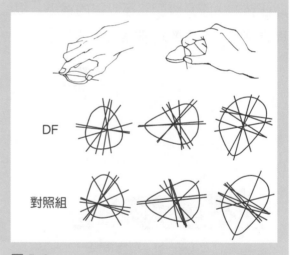

圖 5–9
DF 仍然可以和健康的對照組一樣以有效率的方式拿起石頭 (Goodale and Milner, 2004)

另一個背側路徑受損的病患 RV 所出現的問題則是視覺性動作失調 (optic ataxia)，也就是視覺引導動作出現障礙。RV 的症狀包括以下幾點：伸手取物時動作的精確度下降、動作速度變慢、準備拿東西前的前置動作不足。

如果要求 RV 把手伸進一個扁平窄小且傾斜的洞口，他是做不到的。因為他無法旋轉、調整自己的手，去符合這個傾斜的洞口。那麼 RV 可以臨摹圖片嗎？從圖 5-10 可以看到 RV 或許不是畫得很好，但他可以成功的照著圖片臨摹出這些物體的形狀。可是他卻無法像 DF 那樣成功的拾起形狀不規則的石頭。

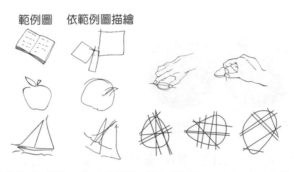

範例圖　依範例圖描繪

圖 5-10　背側路徑受損的病患 RV 的形狀知覺無損 (Goodale and Milner, 2004)

　　DF 與 RV 兩位病患，一位是腹側路徑受損導致無法辨識形狀，但視覺引導動作無礙；另一位則是背側路徑受損導致視覺引導動作障礙，但辨識形狀的能力仍然正常。這正是所謂「雙重分離」的例子，讓我們可以藉此神經心理學雙重分離的例子了解：背側路徑和腹側路徑確實分別處理兩種不同的能力。

　　當然除了從病患的症狀可以觀察到腹側路徑處理 "what" 而背側路徑處理 "where" 以外，從一般人的行為表現也可以觀察到腹側與背側路徑的功能有別。舉例而言，在圖 5-11 之中有兩個紫紅色的圓形，這兩個圓形看起來似乎一大一小，但實際上它們是一樣大的。之所以會看起來不一樣大，是因為脈絡效應，也就是周圍圓圈尺寸所造成的。然而在實驗中，若要求參與者張開手指去抓取這兩個圓形，可以發現其實人們在抓取這兩個圓形時手指張開的距離一樣。這證明了視覺引導的動作和圓圈大小的知覺是分開的兩回事。

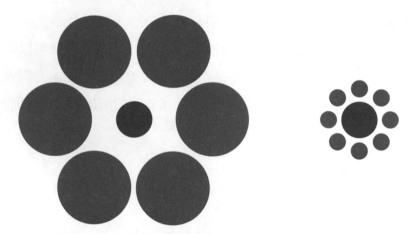

圖 5-11 這兩個位於中心的紫紅色圓圈，看起來是否一大一小？但實際上呢？

　　學者諾曼 (Joel Norman) 於 2002 年整理了關於腹側路徑與背側路徑兩者之間的各項比較，請見表 5-1。除了兩者的功能不同以外，兩者的時間、空間解析度也不同。腹側路徑的空間解析度較高，如此才有利於辨識物體；而背側路徑的時間解析度較高，才能讓我們在精準的時間點作出恰當的動作。兩者與記憶和意識的關係也不同，腹側路徑和長期記憶較為有關，也比較需要意識的介入；反之，背側路徑和短期記憶較有關係，也比較不需要意識的介入。

表 5-1　腹側路徑和背側路徑的各項比較 (Norman, 2002)

影響因素	腹側路徑	背側路徑
功能	知覺辨識	視覺引導動作
敏感度	空間解析度高	時間解析度高
記憶	長期記憶	短期記憶
速度	慢	快
意識	高	低
參照坐標	以物件為中心	以觀察者為中心
視覺訊息	視網膜中央為主	整個視網膜
單眼訊息	效果較小	效果較大

3. 意識知覺來自於大腦細胞——雙眼競爭的研究

　　另一個可以支持意識的確來自於大腦細胞的證據來自於一個利用「雙眼競爭」的特性來進行實驗的研究。第一個研究是由辛伯格 (David Sheinberg) 與洛戈賽帝斯 (Nikos Logothetis) 兩人於 1997 年所發表，該研究以猴子為研究對象。

　　如果在兩隻眼睛前方呈現兩個不同的物體，比如左眼看向日葵、右眼看蝴蝶，我們並不會同時看到向日葵和蝴蝶，而是會輪流看見這兩樣東西——也就是一下子看到蝴蝶，一下子看到向日葵——這就是所謂的「雙眼競爭」。在辛伯格跟洛戈賽帝斯這個經典的實驗中，他們在猴子的顳葉找到兩種不同的神經元：一種只對蝴蝶有反應，一種只對向日葵有反應。於是他們訓練猴子如果看到向日葵就按某個按鍵，如果看到蝴蝶就按另一個按鍵，這樣他們就可以知道猴子在每一個時刻的主觀意識知覺。實驗結果顯示，當猴子表示自己看到向日葵時，對向日葵影像敏感的神經元有較大的活化。但當猴子表示自己看到蝴蝶時，對蝴蝶影像敏感的神經元有較大的活化。這表示雖然蝴蝶與向日葵兩樣物理刺激都呈現在猴子眼前，兩者也都進入了猴子的大腦，但顳葉神經元活化的狀態還是會因猴子的主觀意識狀態而改變。

　　還有一個也是藉由雙眼競爭這個特性來進行研究的是湯 (Frank Tong) 等人在 1998 年以人類為對象的研究。這個研究的實驗方法和上述的猴子研究相似。研究者讓實驗參與者兩隻眼睛各自觀看臉跟房子的照片，並請參與者報告他們的主觀知覺——他們看到了臉或是房子。結果發現，當參與者的主觀知覺是房子時，傍海馬辨位區的活化反應較高。而當參與者的主觀知覺是臉孔時，則是梭狀回辨臉區的活化反應較高。表示人和猴子一樣，大腦的活化狀態與主觀意識知覺是有關聯的。

還有一個例子是使用功能性磁振造影儀來測量腦部活化狀態。在該實驗中，螢幕短暫呈現臉孔或物體的照片之後會被其他圖形屏蔽，使得參與者不一定能看出照片裡是什麼物品或是誰的臉孔。實驗結果顯示，即使螢幕上有出現臉孔，但參與者主觀上沒有看到的時候，腦部相對應神經元也不會有反應。這 3 個例子都告訴我們，主觀意識知覺和某些特定大腦神經元的活化是有對應關係的。

知覺處理歷程可以是無意識的

　　即便知覺的產生涉及複雜的神經系統處理歷程，但主觀上似乎絲毫不費力，這是因為許多歷程都在無意識狀態中進行。19 世紀的德國學者馮・亥姆霍茲便認為這是一個無意識的推論過程 (unconscious inference)。

　　「盲視」(blindsight) 病患缺乏主觀的視覺意識，所以他們會說自己看不見，但當前方地上有障礙物時，他們又能自行閃避。表示物理刺激有進入他們的大腦，大腦也有處理，只是他們沒有主觀的意識經驗。另一種症狀相反的病患是罹患「安東症」的病患，這種病患雖然沒有視知覺（若問他們看到了什麼，他們回答的答案是錯的！），但他們會堅稱自己看得見。從這兩類病患的例子可以看出，意識與無意識的視知覺是可以被分離的。

　　「持續閃現抑制研究派典」(continuous flash suppression research paradigm) 是一個常被用在意識／無意識研究的實驗派典。在這個實驗派典中，參與者的一隻眼睛前所出現的是靜止的畫面，比如房子或臉的照片、文字，但另一隻眼睛前所出現的是連續快速變換的圖片，而且這些圖片都是由色彩繽紛的幾何圖形所構成的。在這種情況下，參與者大多無法意識到靜止畫面的內容，只能意識自己看到了不斷閃現的幾何圖形圖片。但是，不管是藉由測量參與者的腦電波，或是觀察他們行為的改變，都可以發現大腦雖然沒有意識到這些靜止畫面的內容，但仍然對這些內容進行了無意識的處理。

包含我們實驗室做的像是眼睛凝視的方向、視聽整合、情緒臉孔、中文字義、複雜場景，或是其他研究者發現的身體姿勢、性別、類別、文法及數字等都已經被驗證人們即使在無意識狀態下也能夠處理這些訊息。

關於自由意志

班傑明・李貝特的經典實驗發現，大腦活動先於決定要做動作的衝動。雖然這個實驗結果被部分人士當作是人類沒有自由意志的證據，但李貝特本人並沒有這樣表示過。他認為就算大腦已經決定要動作，但我們還是可以選擇停止動作。哲學家希爾勒 (John Rogers Searle, 1932-) 便認為人是有自由意志的，因為否認人有自由意志，便是自由意志的表現。

認知神經科學家葛詹尼加 (Michael Gazzaniga, 1939-) 在他的科普著作《大腦比你先知道》 (*The Mind's Past*) 裡面提到絕大部分的歷程都在無意識狀態下處理完畢了，剩餘的主要都是詮釋的部分。

注意力

注意力在覺知的過程中扮演重要的角色，但究竟什麼是注意力呢？美國心理學之父威廉・詹姆士在他的著作 《心理學原理》 (*The Principles of Psychology*) 裡曾提到，每個人都知道什麼是注意力，但其實常常各自表述。對詹姆士而言，注意力「是以清晰和生動的形式，由幾個同時可能的物體或是思想所占據的一個想法。注意力是意識的凝聚，且其本質是精神的集中。它意味著從某些事情中撤出，以便有效的處理當前的事情，而且是一種與混淆、分散、昏沉相反的狀態」。

內生性 vs. 外因性注意力

經過 100 多年來的研究，我們目前對注意力的了解已比詹姆士所在的 19 世紀多。注意力至少又可分為內生性注意力 (endogenous attention) 與外因性注意力 (exogenous attention)。其中的內生性注意力，是一種目標導向、由上而下控制的注意力。其機制是由額葉與頂葉（包括背外側前額葉皮質與後頂葉皮質 (posterior parietal cortex)）所組成的網絡發出控制訊號。而外因性注意力是一種不自主、由下往上、由外在刺激所引發的注意力。好比突然出現的巨大聲響、在眼前飛來飛去的蚊子所引發的注意力就屬於外因性注意力。與外因性注意力有關的大腦區域位於上丘 (superior colliculus)、腹側前額葉皮質 (ventral prefrontal cortex) 和右側顳頂交界區 (temporoparietal junction)。

注意力可以專注的對象非常多，舉凡空間、物體、特徵屬性或感官等等，不勝枚舉。比方說我們今天如果跟朋友約在車站碰面，朋友說他會穿紅色的衣服，那我們可能就會把注意力放在所有紅色的東西上面。又或者是在某些狀況下必須注意聽有沒有某個聲音出現，那我們就會把注意力放在聽覺而不是視覺上。

注意力與意識的關係

諾貝爾經濟學獎得主丹尼爾‧康納曼在他的著作《快思慢想》(*Thinking, fast and slow*) 之中提到了心識的雙重系統。系統一的特色是無意識、直覺、快速、容量高；系統二的特色則是有意識、需要思辨、慢速、容量低。

早年的文獻認為，只要注意就會有意識，但現今已經發現其實注意力與意識兩者是可以各自獨立的。也就是說，在有注意的情況下，仍會存在有意識或無意識兩種情況。而在沒有注意的情況下，也可以有有意識和無意識之分（詳見表 5–2）。

表 5-2　意識的有無與注意力的有無所形成的 4 種類別 (Tsuchiya and Koch, 2007)

	無意識	有意識
不需要注意力	後像、快速視覺、喪屍行為	搜尋中跳出、圖像記憶、主旨概要、動物與性別辨識、部分回報
需要注意力	促發、適應、視覺搜尋、思想	工作記憶、偵測與分辨陌生刺激、整體回報

意識──難解問題

意識經驗究竟如何產生？

前面詳述感官訊息進入腦中之後，經過許多不同的處理後產生了知覺訊息。但是當我們面對美麗的晚霞，心中發出讚嘆時，神經元的活化能完全解釋這「覺得美」的感覺嗎？

哲學家大衛・查爾默斯針對哲學思想實驗的黑白瑪莉論證提出神經科學無法解釋意識的部分。瑪莉是一個聰明的科學家，她居住在一個只有黑色與白色的實驗室中。她從教科書上學習了所有關於色彩的知識，舉凡各個顏色的波長、眼睛裡面不同細胞的反應、視覺訊息如何傳入腦中、知覺如何產生等種種知識。有一天，當她走出這個實驗室，第一次見到除黑白以外的彩色時，她經驗到與原來知識系統不同的部分，就是我們主觀知覺經驗很重要的一部分，也就是哲學家稱的「感質」或「現象意識」。

哲學家奈德・布拉克將意識區分為「取用意識」跟「現象意識」。取用意識是能夠用來運作、可報告出的認知部分，比較屬於前腦的作用，而現象意識比較屬於知覺經驗，或是後腦的作用。可惜的是目前的研究仍然多著墨於取用意識的部分，所以我們對於現象經驗的部分還是所知甚少。

覺知：專注與增強感知能力

自古以來，古今中外對於增強感知能力作過了非常多的嘗試。目前已知可以透過各種不同方式來增強感知能力，包括靜坐、正念減壓、太極拳、瑜珈、氣功等。這些方法的目標都是為了要達到某些心理狀態，例如放下雜念、放鬆的專注、無為的安住，甚至是天人合一的境界。

西方科學家也從多年前開始以科學的方式研究靜坐的好處。例如有文獻指出正念靜坐能夠改變免疫系統，使免疫力增強。靜坐對大腦也會產生影響，諸如腦波的變化、特定區域灰質體積增加、不同腦區間的聯結增加、與自我相關的腦區的活化降低。而且這類文獻仍在不斷累積中。

結　語

人類的知覺有很多無意識的運作歷程，而日常能意識到的知覺經驗只是大冰山之中浮出水面的一小部分，絕大部分都像是無法察覺到的無意識歷程。透過訓練，可以增加知覺的解析度。而且我們也知道注意力對知覺有很大的影響。

至於覺知，我們可以把它想成是一個「觀者」——一個在觀看自己經驗知覺的覺知者。「知覺」和「覺知」這兩者，構成了知覺意識的雙重系統。最後，關於感質這部分，目前在意識的科學研究領域中仍然是一道待解的難題。

參考文獻

- Bugelski, B. R., & Alampay, D. A. (1961). The Role of Frequency in Developing Perceptual Sets. *Canadian Journal of Psychology, 15*(4), 205–211.

- Davidson, R. J., Kabat-Zinn, J., Schumacher, J., Rosenkranz, M., Muller, D., Santorelli, S. F., ...Sheridan, J. F. (2003). Alterations in Brain and Immune Function Produced by Mindfulness Meditation. *Psychosomatic Medicine, 65*(4), 564–570.

- Grill-Spector, K., Knouf, N., & Kanwisher, N. (2004). The Fusiform Face Area Subserves Face Perception, Not Generic Within-Category Identification. *Nature Neuroscience, 7*(5), 555–562.

- Goodale, M. A. & Milner, A. D. (2004). *Sight Unseen*. New York, NY: Oxford University Press.

- Goldstein, E. B. & Brockmole, J. R. (2017). *Sensation and Perception. 10th Edition*. Belmont, CA: Wadsworth Cengage Learning.

- Hikosaka, O., Miyauchi, S., & Shimojo, S. (1993). Focal Visual Attention Produces Illusory Temporal Order and Motion Sensation. *Vision Research, 33*(9), 1219–1240.

- Koch, C., & Tsuchiya, N. (2007). Attention and Consciousness: Two Distinct Brain Processes. *Trends in Cognitive Sciences, (11)*1, 16–22.

- Li, J.-L., & Yeh, S.-L. (2003). Do "Chinese and American See Opposite Apparent Motions in a Chinese Character"? Tse and Cavanagh (2000) Replicated and Revised. *Visual Cognition, 10*(5), 537–547.

- Mishkin, M., Ungerleider, L. G., & Macko, K. A. (1983). Object Vision and Spatial Vision: Two Cortical Pathways. *Trends in Neurosciences, 6*, 414–417.

◆ Norman, J. (2002). Two Visual Systems and Two Theories of Perception: An Attempt to Reconcile the Constructivist and Ecological Approaches. *The Behavioral and Brain Sciences, 25*(1), 73–96; discussion 96–144.

◆ Oliva, A., & Torralba, A. (2007). The Role of Context in Object Recognition. *Trends in Cognitive Sciences, 11*(12), 520–527.

◆ Sheinberg, D. L., & Logothetis, N. K. (1997). The Role of Temporal Cortical Areas in Perceptual Organization. *Proceedings of the National Academy of Sciences, 94*(7), 3408–3413.

◆ Tong, F., Nakayama, K., Vaughan, J. T., & Kanwisher, N. (1998). Binocular Rivalry and Visual Awareness in Human Extrastriate Cortex. *Neuron, 21*(4), 753–759.

◆ Tse, P. U., & Cavanagh, P. (2000). Chinese and Americans See Opposite Apparent Motions in a Chinese Character. *Cognition, 74*(3), B27–32.

◆ Williams, L. E., & Bargh, J. A. (2008). Experiencing Physical Warmth Promotes Interpersonal Warmth. *Science, 322*(5901), 606–607.

◆ Yang, Y.-H., & Yeh, S.-L. (2011). Accessing the Meaning of Invisible Words. *Consciousness and Cognition, 20*(2), 223–233.

◆ Yeh, S. L., Li, J. L., & Chen, I. P. (1997). The Perceptual Dimensions Underlying the Classification of the Shapes of Chinese characters. *Chinese Journal of Psychology, 39*(1), 47–74.

◆ Yeh, S. L., Li, J. L., Takeuchi, T., Sun, V. C., & Liu, W. R. (2003). The Role of Learning Experience on the Perceptual Organization of Chinese Characters. *Visual Cognition, 10*, 729–764.

大腦、意識與錯覺

講者｜杜克—新加坡國立大學醫學研究院助理教授、

　　　腦與意識實驗室主任　謝伯讓

彙整｜林雯菁

本章的重點在於回答「人們為什麼會有各種錯覺？」這個問題，並且希望透過讓讀者親身經歷不同的錯覺，來體驗意識裡面獨特、有趣的現象，進而促進大家思考意識和大腦之間的關聯。

為什麼會出現各種錯覺呢？以下將為各位介紹 4 個原因，包括 (1) 我們活在大腦創造的虛擬世界中；(2) 捷思作祟；(3) 資訊超載；還有由於 (4) 無意識的訊息處理過程出現漏洞。

🧠 我們活在大腦創造的虛擬世界中

圖 6–1
柏拉圖在《理想國》中提到的「洞穴寓言」
(Markus Maurer, Wikimedia Commons)

首先，請各位思考一個問題——究竟什麼是真實、什麼是虛幻、什麼是假象呢？當我們用大腦在經驗這個世界時，我們所經驗到的究竟是事物的真實本質抑或只是虛擬的假象？著名的古希臘哲學家柏拉圖 (Plato, BC427–347) 在他的著作《理想國》(*The Republic*) 第七章當中提到了「洞穴寓言」，這個寓言的內容是這樣的：有一些人從小就生活在洞穴裡，而且因為他們被鐵鍊拴著，所以從未離開過洞穴（如圖 6–1 所繪）。他們唯一能做的事情，就是直視前方的岩壁。而他們唯一能看見的東西，正是岩壁上的影像。由於他們此生從未接觸過其

他事物，他們對世界的了解也完全來自於眼前岩壁上的投影，於是他們便把眼前的影像當作是世界的真相。但其實，這些影像只是一些物品和火光所形成的投影罷了。柏拉圖不是唯一一個提出這個說法的人，歷史上多位哲學家與思想家都曾提出相似的看法、問題或概念，像是法國哲學家笛卡兒的「我思，故我在」，美國哲學家普特南 (Hilary Whitehall Putnam, 1926–2016) 的「桶中之腦」，或甚至是電影《駭客任務》(*The Matrix*) 裡生活在母體 (matrix) 中的人類。

事實上，這樣的想法並非完全虛構，我們的確活在大腦所建構的虛擬世界中。接下來的幾個錯覺的例子，將有助於大家了解這個說法。第一個例子，請見圖 6–2。圖 6–2 包含圖 A 和圖 B，雖然兩者都是由幾個方形的框框所組成，但圖 A 是彩色的，圖 B 是白色的。請先盯著圖 A 中間的十字，不要移動視線，盯著這個十字 20 秒鐘之後，再把視線移到圖 B 的十字。圖 B 看起來是不是變成彩色的了？而且你在圖 B 的框框內看到的顏色，是不是剛好都是圖 A 同樣位置的顏色的互補色？比方說同一個位置在圖 A 是紅色，你在圖 B 就看到綠色？這就是大家所熟知的視覺的後像。從這個例子當中我們可以知道，其實視覺訊息或是視覺意識（在此例之中為色彩），是由大腦所創造出來的現象，並非真實存在於外在世界。外在世界有的只有光波或電磁波，這些刺激進入大腦之後由大腦重新分析詮釋，色彩的意識狀態才得以產生。

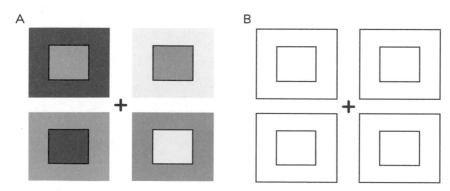

圖 6–2 大腦創造出的顏色

下一個例子請見圖 6–3 ，這張圖片是否看起來好像在閃動呢？但事實是，這是一張靜止的圖片，閃動只存在於你的大腦中，並不存在於外在世界。以上兩個例子顯示，無論是色彩知覺，或是運動知覺都是由大腦所創造出來的意識狀態，並不存在於外界。而且，不只是這兩種知覺，其他所有感覺知覺也都是由我們的大腦所創造出來的意識狀態，舉凡顏色、聲音、氣味、味覺、觸覺等皆然。

圖 6–3
圖片看起來好像在閃動？實際上並沒有，閃動只存在於你的大腦中

另一個可以支持「我們活在大腦創造的虛擬世界中」的證據是，當我們在做夢、做白日夢或幻想時，我們的意識狀態和當下的物理世界是沒有聯結的，那些意識狀態是大腦憑空創造出來的產物。

若以攝影機來比喻，當外在世界的光波進入攝影機之後，攝影機經過處理後提供給我們一個影像。這個影像，或稱為虛擬摹本，雖然和外在的狀態非常相似，但仍然存有微小的誤差，像是人物尺寸大小、色調等細節。這個影像就好比我們的意識狀態，而攝影機形成影像的歷程就像大腦產生意識的過程。所以我們的意識狀態，其實是由大腦所創造出來的虛擬摹本，其中存在有誤差，因而導致了各種錯覺的產生。

繼續提供幾個錯覺的例子，圖 6–4 裡面的橫線其實是水平的，但是你可能會覺得這些橫線看起來不像是水平線。至於圖 6–5 這個例子當中所有的白點其實都是一模一樣的白點，但是當你凝視其中一個白點時，其他白點可能會開始閃爍。不管是看起來不像水平線的水平線，或是看起來在閃爍但其實並沒有在閃爍的白點，都是大腦讓你產生的錯覺。

還有圖 6–6 這個例子。圖 6–6 有左右兩張圖片，請注意左圖中的 A 方格和 B 方格，你覺得這兩個方格的顏色一樣嗎？你可能會覺得不一樣，但其實 A 方格和 B 方格是兩個一模一樣的灰階色塊喔！雖然在左圖中，A 方格似乎是深灰色而 B 方格似乎是淺灰色，但若是像右圖那樣把 A、B 兩個方格之間的格子遮起來，A 和 B 的顏色看起來是不是就一樣了呢？各位若是不相信，也可直接把手指橫擺在左圖的 A、B 之間，就可以知道「A、B 顏色不同」並不是真的，而是大腦產生的錯覺。

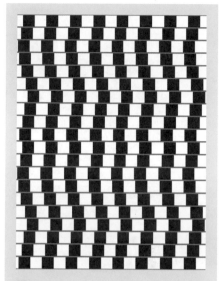

圖 6–4
咖啡館牆面錯覺 (the café wall illusion)

圖 6–5
網格錯覺 (grid illusion)——白點是否看起來在閃爍？

圖 6–6 A 和 B 兩個格子的顏色其實是一樣的！(Wikimedia Commons)

捷思作祟

捷思作祟是錯覺之所以會產生的第二個原因。所謂捷思，是大腦在計算、處理外界資訊時所使用的一些捷徑，這些捷徑可以讓大腦以更快、更省資源的方式來完成計算。

完形視覺法則便是視覺捷思的例子。以圖 6–7 左邊的圖為例，當我們要把這 12 個球分類時，大家的反應多是把它們分成 3 組，也就是一個橫排一組，比較不會把一直排當作一組。之所以會有這樣的反應，是因為我們會以事物的相鄰程度來分組。如果是要幫中間這個圖的球做分類，多數人會把它們分成 4 組，而且是一個橫排一組，這是因為我們會以事物的相似度來幫它們做分類。至於最右邊的圖，多數人會認為這看起來是一長條中間被切斷的線段，而不是 3 條不相干的線段。這是因為我們會根據事物的連續度來進行分類組合。

 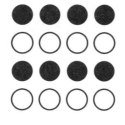 

相鄰度　　　　　　　相似度　　　　　　　連續度

圖 6-7　完形視覺法則

　　那麼上述的完形視覺法則，或是其他各種捷思的好處何在呢？這些捷思，或計算捷徑，可以幫助我們更快做出判斷。例如老虎演化出了特殊的顏色和斑紋，藉此得以欺騙其他動物的視覺系統。但我們的視覺系統也能夠透過完形視覺法則之中的相似度、相鄰度和連續度，辨認出老虎臉上的斑紋，來發現躲在樹叢後的老虎。

　　然而捷思雖然讓我們省去了計算的時間，卻也可能降低了正確率，所謂「杯弓蛇影」就是一例——明明只是長弓的倒影卻把它看作是蛇，白白嚇了一跳。但視覺系統寧願犯這樣的錯誤，讓我們錯把杯弓當蛇影，或是錯把不是老虎的東西看成老虎，也不願讓我們漏看任何一個可能是蛇或老虎的東西。因為一旦漏掉一隻真正的老虎或真正的蛇，代價可是很大的。

　　為了求速度，大腦使用了捷思，但也可能失去些許正確性，因而造成錯覺的產生。這就是為什麼捷思作祟會成為我們有各種錯覺的原因之一。

　　圖 6-8 的凹臉錯覺是另一個捷思作祟引發錯覺的例子。這是一個立體面具，面具當然就有凸出來的一面和凹進去的另一面。若觀看面具旋轉的影片❶，可能會在某些時間點把凹進去的那一面看成是凸出來的臉孔，就像圖 6-8 所顯示的一樣。造成這個錯覺的原因之一，是大腦中可能有一個告訴我

---

❶ 例如影片：The Rotating Mask Illusion, https://www.youtube.com/watch?v=sKa0eaKsdA0

圖 6-8 這到底是面具的凸面或凹面？（謝伯讓教授提供）

們「人臉都是凸出來」的捷思。但是為什麼會有這麼樣的一個捷思存在呢？或許是因為演化的歷程中，或是我們自身的成長經驗中，所遇過、看過的臉孔都是凸出來的，我們根本沒有或幾乎未曾接觸過凹進去的臉。於是大腦就內建了這個捷思，讓我們遇到符合臉孔結構的物體時，直接把它當作是一張凸出來的臉，不要再花時間或精力去計算每一張臉孔到底是凸出來或是凹進去的。所以當我們看到面具的凹面時，才會出現好像在看凸出來的臉孔這樣的錯覺。

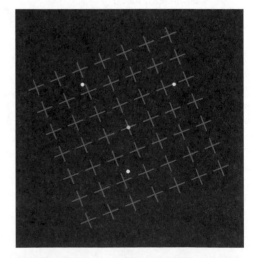

圖 6-9
可以引發「運動引發視盲」影像的靜態截圖。請注意，必須觀看動態影像才能引發 (Mlechowicz, Wikimedia Commons)

另一個捷思引起的錯覺是所謂的「運動引發視盲」(motion-induced blindness)。若想親身體驗運動引發視盲，必須觀看和圖 6-9 類似的動態影像❷。正如圖片所示，畫面中央有一個

❷ 可至 https://en.wikipedia.org/wiki/File:MotionBlindnessf.gif 觀看動態影像。

綠點、周圍有 3 個黃點以及由藍色十字所組成的背景圖像。在動態影像中，綠點會閃爍，背景圖像會一直轉動。當你注視正中央的綠點一段時間，比如 5 秒左右，可能就會發現黃點從你的意識狀態中消失了。但你若眨個眼或是稍微移動一下視線，就會發現黃點其實一直都在畫面上未曾消失過。這個錯覺可能是由於「靜止的事物不重要」這樣一個捷思所引起的。從演化過程或是成長過程當中，我們學習到了在環境中，那些會移動的事物大多比那些不會動的背景來的重要，於是視覺系統便學會了把靜止的事物忽略掉這個捷思。在運動引發視盲的影片中，黃點剛好是畫面中靜止不動的物體，於是便被視覺系統給忽略掉了。

另一個和運動引發視盲類似的錯覺，稱為「知覺消逝」，其原理與運動引發視盲類似。若盯著圖 6-10 中央的紅點一段時間之後，會發現外圍圓圈似乎從意識狀態消失了，但若移動眼睛或眨眼，圓圈便會重新出現在你的視覺意識中，不過事實上它是從來沒有消失過的。

圖 6-10　知覺消逝

運動引發視盲和知覺消逝這兩個例子，都是完全沒有變動的物理刺激，從我們的視覺意識狀態中消失又重新出現的情況，這就提供給研究者一個研究意識的機會。當實驗參與者報告黃點或圓圈消失或重新出現時，也就是他們的意識狀態改變的瞬間，腦部活化狀態會出現什麼樣的變化呢？由於此時變動的只有參與者本身的意識狀態，外界物理刺激並無改變，這時候出現活化狀態改變的大腦區域應該就是對意識而言非常關鍵的區域。大腦意識的神經關聯，會是位於大腦中的哪個區域呢？有一派理論認為應該落在前額葉的部分，但是謝伯讓教授和 Peter Tse 教授過去所發表的兩個以運動引發視盲和知覺消逝所進行的實驗，並不支持這個理論。在這兩個實驗中，參與者一邊接受功能性磁振造影掃描，一邊觀看會引發運動引發視盲或知覺消逝的畫面。實驗結果顯示，當參與者報告黃點或圓圈從他們的意識狀態消失時，位於枕葉的大腦初級視覺皮質 V1、V2 這些區域，出現了活動量下降的情況。而且當這些物體重新出現在他們的意識當中時，初始視覺皮質的活化狀態也會升高。反而是較為高階的視覺皮質在不同意識狀態下的變化較小。這樣的結果，反映的是意識的神經關聯可能不是位於前額葉，而是位於枕葉的初級視覺皮質。

最後再介紹一個也是由捷思所引發的錯覺 —— 改變視盲 (change blindness)。改變視盲的一個知名例子是 1998 年由丹尼爾・西蒙斯 (Daniel Simons) 和丹尼爾・萊文 (Daniel Levin) 所發表的一個以真實生活環境為實驗場所的研究。實驗中，一名實驗人員（甲）佯裝找不到路，向路人搭話問路。雙方交談數秒鐘之後，當路人還熱心的為甲指路的同時，另外兩名實驗人員（乙和丙）搬了一扇門板從交談中的這兩人中間穿越。趁著這名路人的視線被門板遮住的同時，原先向他問路的實驗人員甲和搬門板的丙對調，於是甲跟乙搬著門板走了，而丙則留下來等待門板通過後接續和該名路人的對話。沒想到實驗中僅有半數的路人發現到，向他們搭話的問路人被掉包了，另外

半數的人則是渾然不覺有異的持續為實驗人員指路❸。造成這個現象的捷思是「物體身分不會隨意變動」，其實一般人並不會假設人或物的身分會隨意變動，因為這不是尋常狀況下會出現的情況。不管是在跟人交談互動，或是與物體互動都是如此。也就是說，我們不需要總是每隔幾秒鐘就確認一次人或事物的身分，像是每隔 3 秒鐘就檢查一次「正在我面前與我交談的這個人是 3 秒鐘前跟我交談的那個人嗎？」因為大腦沒有必要浪費資源去做這樣的檢查。這也就是為什麼實驗中的路人會沒有發現問路人已經不是一開始的那個人的原因。

🧠 資訊超載

　　資訊超載是我們為什麼會有錯覺的第三個原因。首先舉幾個一樣也是改變視盲的例子來增加理解。第一個例子是，當我們專注注視像影片❹裡面快速來回切換的兩張照片時（見圖 6-11），不太容易看出這兩張照片不一樣的地方在哪裡，即使有時兩張照片的相異之處很明顯也一樣。這是因為在影片中，這兩張圖片並非連續播放的，它們之間其實插入了一張灰階的空白圖片。這張空白的圖片可能導致腦中暫存的上一張照片的圖像記憶被刪去，同時也導致下一張照片出現時，大腦必須重新處理、表徵照片當中的每一樣細節。而由於照片裡的細節太多了，資訊量超出我們在短時間內所能夠仔細檢查的能力，於是導致我們看不出前後兩張照片到底有哪裡不同。其實只要把灰階的空白圖片移除，很輕易就可以看出兩張照片的差異。

---

❸ 該實驗可觀看影片：The "Door" Study, https://www.youtube.com/watch?v=FWSxSQsspiQ

❹ Change Blindness Demonstration, https://www.youtube.com/watch?v=bh_9XFzbWV8

圖 6–11 類似影片中快速來回切換的兩張照片

　　另一個改變視盲的有趣例子是在 1999 年由哈佛大學的西蒙斯和克里斯多福・查布利 (Christopher Chabris, 1966–　) 所發表的實驗❺。實驗當中，實驗參與者被要求要仔細計算影片中穿白衣的隊伍傳球傳了幾次。當參與者把注意力都放在計算白衣隊伍時，很容易便忽略了出現在畫面中明顯不合理的部分——穿過人群並停在畫面正中央搥胸的大猩猩。這就是注意力缺乏或是資訊超載導致錯覺的一個例子。

---

❺ 可觀看實驗所使用的影片：Selective Attention Test, https://www.youtube.com/watch?v=vJG698U2Mvo

無意識的訊息處理過程出現漏洞

　　第四個錯覺之所以會產生的理由，就是無意識的訊息處理過程其實是會出現漏洞的。首先，其實我們的無意識是會影響到我們的行為的。若以電腦系統來比喻意識／無意識，螢幕上所呈現出來的內容可以算是意識的部分，而螢幕上所沒有呈現出來的部分，舉凡硬碟的轉速、風扇的速度、網路的流量、記憶體的使用量等，可以當作是所謂的無意識。電腦內這些沒有被呈現在螢幕上的部分，都可以影響電腦的表現。人所能處理的資訊量也是一樣，其中只有一部分能夠出現在我們的意識狀態之中，其餘沒有被意識到的部分，也能夠對我們的行為舉止產生影響。

　　最早的無意識知覺實驗，可以追溯至 1879 年的美國。當時，一位名為皮爾士 (Charles Sanders Peirce, 1839–1914)（圖6–12）的實用主義家在一次搭乘渡輪的途中，懷錶遭竊。由於懷錶放在他的船艙之中，是以他合理懷疑懷錶是被能夠進入他船艙的水手所偷。於是他

圖 6–12　皮爾士（左），查斯特羅（右）
(Wikimedia Commons)

請船長命船上所有水手一字排開，想找出該名竊賊。在所有的水手中，他對其中一個感到特別懷疑，但他既沒有證據可以證明，也對於自己的懷疑說不出個所以然來，於是當下只好作罷。船靠岸之後，皮爾士雇用了私家偵探追蹤該名水手，果然在當鋪內人贓俱獲，證明了他當初的直覺是正確的。

　　皮爾士後來和他的學生查斯特羅 (Joseph Jastrow, 1863–1944)（圖 6–12）試圖在實驗室內以科學的方法來檢驗直覺是否真的可靠，於是他們做了一個

比較砝碼重量的實驗。在這個實驗中，他們使用了兩個重量極為相似的砝碼，這兩個砝碼的重量差距十分微小，已經小於一般人可以察覺到的最微小的差異值。實驗參與者拿到這兩個砝碼以後會先被問「這兩個砝碼是否一樣重」這個問題。參與者以手掂了掂這兩個砝碼的重量之後，反應通常是認為這兩個砝碼一樣重。但是查斯特羅接著強迫參與者猜測哪一個砝碼「比較重」，結果發現參與者猜對的機率顯著高於隨機猜測的機率。這就表示，雖然人們意識不到這個微小的重量差異，但他們的大腦的確處理了這個差異，所以才能「猜中」哪個砝碼比較重。

自 1879 年至今，心理學界的許多實驗都指出，大腦能夠在無意識的狀態下處理許多微小的細節。而且這些處理過的訊息，不管是情緒方面的，或是初階視覺層級的訊息，都會影響我們之後的行為。

當代實驗也發現，連複雜的視覺訊息都能夠在無意識的狀態下被處理，而且影響人類行為。謝伯讓教授的實驗室就發表過數個這樣子的研究。這幾個研究皆使用了一個名為「持續閃現抑制」的實驗派典。使用持續閃現抑制，可以阻礙或抑制實驗參與者所盯著的畫面內容物進入他們的意識之中。也就是雖然他們盯著這些畫面看，但他們不會察覺到自己看到了什麼。在這個實驗派典之中，研究人員會讓參與者的左眼和右眼分別看兩個不同的畫面——左眼看的是任何一種研究人

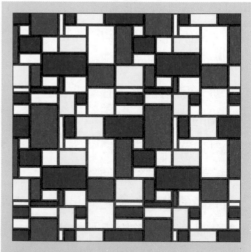

圖 6–13
持續閃現抑制派典之中經常使用蒙德里安圖樣 (Mondrian patterns) 這一類的圖片

員不想讓參與者意識到的東西，右眼看的則是一連串快速變換、非常亮眼的彩色幾何圖形所構成的圖片（如圖 6–13 此類的圖片）。在這種情況下，因為右眼所接收到的影像太過明顯，導致意識狀態完全被右眼的視覺內容所占據，因而意識不到左眼見到的東西。這個抑制的現象一般可以持續數秒鐘，某些情況下甚至可長達幾分鐘。透過這個方式，就可以呈現不管是圖片或文字等東西給參與者看，但又讓他們意識不到這些東西。接著就可以量測這些沒有意識到的內容，是否會對他們的行為決策產生影響。

　　謝伯讓教授實驗室中的研究員洪紹閔（臺大心理系畢業生）在其中一項實驗中，讓參與者的左眼看英文句子，有些句子符合語法，有些不符合語法。比方說 "Birds eat worms" 是一個符合語法的句子 ，而 "Birds eat drank" 是一個不符合語法的句子。實驗發現不符合語法的句子，比符合語法的句子更難被抑制，或者說能比較快突破抑制。雖然兩類句子一開始都處在無意識狀態之中，但兩者進入意識的時間有差別，這就表示即使無意識，大腦仍然有在處理句子的語法。

　　另一個也是由洪紹閔執行的實驗，則是給參與者的左眼觀看臉孔，有美麗的臉孔，也有不好看的臉孔。實驗結果顯示，美麗的臉孔能夠在比較短的時間內突破抑制。同理，這表示在大腦無意識的狀態下，依然會處理見到的臉孔。當處理到的臉孔帶有某些特質時，便突破了抑制，進入意識狀態。

　　洪紹閔的另一個實驗，則測試了聲音和形狀之間的關係。結果發現當參與者左眼看到的形狀和耳朵聽到的聲音特性一致時，比聲音和形狀不一致時，更容易突破抑制 。 此處所指的聲音——形狀的一致性 ， 與 Bouba-Kiki 效應 (Bouba-Kiki effect) 有關。請見圖 6–14，圖中有兩個圖形，這兩個圖形一個叫做 Bouba（發音近似於「餔吧」）、一個叫做 Kiki，各位覺得哪一個是 Bouba、哪一個是 Kiki 呢？眾多實驗發現，來自不同文化，許多不同種族的人，甚至是年幼的小朋友 ， 都有很高比例的人會認為右邊那個長著尖刺的圖形是

Kiki，而左邊那個圓滑的圖形是 Bouba。在這個實驗當中，參與者的左眼見到的可能是圓滑或尖銳的圖形，而他們的耳朵同時會聽到 "Bouba" 或 "Kiki" 的聲音。於是就有聲形一致，比方說看到圓滑的圖形的同時聽到 "Bouba" 的聲音、看到尖銳的圖形並聽到 "Kiki" 的聲音；還有聲形不一致，也就是看到圓滑的圖形的但聽到 "Kiki"、或是看到尖銳的圖形並聽到 "Bouba" 這幾種可能的組合出現。實驗結果如前所述，就是當聲形一致時，圖形較容易突破閃現抑制，進入意識。

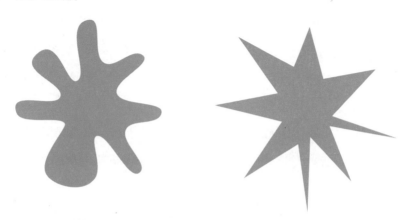

圖 6-14　你覺得這兩個圖形，哪一個是 Bouba？哪一個是 Kiki？

　　除了前面提到的幾個實驗以外，還有更多更貼近我們的日常生活的實驗，也發現到無意識資訊對於我們日常行為發生了影響。

　　一個例子是音樂在無意識中會影響我們的消費行為。實驗的進行方式是，在賣場播放不同的音樂，法國音樂或德國音樂，然後比較播放不同音樂時，法國酒跟德國酒的銷售量有什麼不同。結果發現當賣場某天播放的是法國音樂時，當天法國酒的銷售量便比較高，但若播放的是德國音樂，銷售量高的就會是德國酒。而且結帳時，顧客們大多表示賣場播放的音樂並未影響他們買酒的意願，顯示出他們並不知道自己已經受到影響。

圖 6-15 架上可供選擇的酒琳琅滿目、種類繁多，你的選擇可能並非完全根據你所意識
到的理由

　　還有一個例子與上市公司初次公開發行股票的股價有關係。什麼情況下你會想要買一家公司的股票？可能是因為你覺得該公司很有潛力、或是因為你認為公司的董事長或執行長很有能力、也可能是因為你對這個產業的前景看好或甚至是因為你相信的股市名嘴強力推薦這支股票。無論如何，你大概不會想到股民購買股票的意願，會受到公司名字影響吧？一個研究分析了美國某證券交易所的資料，發現到新上市的公司股票股價會受到公司名字的影響。公司名字若是琅琅上口又好記，初期股價上升幅度會特別高，只不過這個效應並未持續太久便是。

　　環境的整齊程度也會在無意識中影響人的行為。2013 年的一項實驗發現，當參與者在整齊的環境中接受調查時，他們比較願意吃健康的食物，也比較願意捐錢。但在雜亂的環境裡面接受調查的參與者，比較有創造力，也比較偏好新的想法。

還有一個例子是選舉候選人的長相竟然會影響得票率，這是 1986 年在美國所進行的實驗。實驗中，研究人員準備了兩種不同的政見，並搭配兩張不同人的相片。其中一人較上相、一人較不上相。參與者被明確指示要根據這兩位候選人的政見來投票，但較上相的那個候選人的得票數不管是搭配哪一種政見都比另一個不上相的候選人還要高。也就是說參與者在決定票要投給誰時，不只是根據政見，也受到了候選人外貌的左右。

　　另外，顏色和聲音也會影響人的吸引力。一個實驗顯示，當男性在評量女性的吸引力高低時，身上帶有紅色，例如腮紅、口紅或紅色衣服的女性，相較於其他女性，會讓男性覺得她們有較高的吸引力。另一個實驗則發現，當女性聽到男性以較低的音頻發表言論時，會傾向覺得這些言論比較可信、慎重。顏色和聲音這兩個例子，可能都有來自於演化學或生物學上的理由。在顏色這個例子中，由於性荷爾蒙會讓皮膚變紅，而皮膚紅潤也可反映身體健康的程度，因此人們可能就在不知不覺中將「紅色」和性感劃上了等號。至於聲音，因為男性荷爾蒙較多的男性也會擁有較低的音頻，所以人們可能也在不知不覺中將「低音頻」聯結到了生殖訊號。

　　最後再舉一個與無意識的偏見有關的例子。其實人們或許或多或少存在有一些偏見，有時人們自己並沒有意識到自己存有這些偏見，或甚至會否認自己存有這些偏見，但其實這些偏見仍然會影響人們的反應或行為。華盛頓大學的社會心理學家安東尼・格林瓦爾德 (Anthony Greenwald, 1939–　　) 所發展的「內隱聯結測驗」(implicit-association test)，便被認為能夠測量到受測者是否存在有某些偏見，且已被用來測量受測者是否有性別、種族、年齡、體重、數學能力等多樣種類的偏見。

前面介紹了不少實驗，雖然這些實驗使用了多種不同的實驗方法、在不同的環境中實驗（包括實驗室和真實的生活環境），但都發現了人類大腦其實在我等無意識的狀態下處理了許多不同類型的訊息。而且雖然沒有意識到，但這些訊息確實能夠對人類的行為和抉擇產生影響。

時間感的錯覺和自由意志的錯覺

以上介紹了我們為何會有錯覺的四大理由，而接下來所要介紹的「時間感的錯覺和自由意志的錯覺」是提及意識研究時不可避免的。之所以將這類錯覺獨立於前面四大理由之外，主要是因為其中可能同時包含了上述四大理由中的多個理由。所謂「時間感」，指的是我們對於不同事物發生的先後順序，或是持續長度的主觀感受。如前所述，既然是主觀感受，就表示它不是外在物理刺激的完美虛擬摹本、它會有誤、會有錯覺產生。以下將介紹 3 個不同類型的錯覺：時間長度感，時間前後感，以及時間與自由意志。

時間長度感

試想，若請各位判斷兩段節拍的速度快慢，或是電腦螢幕上兩張圖片呈現時間的長短差異，各位可能都會很有信心的認為自己能有很高的準確率。事實上我們確實也有一定程度的能力可以正確感知時間長度，只不過這個能力其實會受到諸多因素的干擾，目前已知的因素至少包括刺激材料本身出現的順序、次數、強弱、高低、快慢、種類，以及實驗參與者本身的年齡、大腦化學狀態、動機、情緒、體溫等因素。

各位是否有這樣的經驗？當你抬頭看牆上時鐘的那一瞬間，秒針彷彿處於停止不動的狀態，並在鐘面停留超過一秒鐘的時間方才恢復正常？這就是「時間停止錯覺」，這可能是因為注意力狀態的改變所引發的錯覺，或者說是

由於我們大部分的注意力資源都被時鐘的秒針所吸引，因而導致我們誤以為這一秒鐘的時間比一秒鐘還要長。

另外，強度比較強烈的刺激，不管是比較強烈的光線、比較強烈的聲波、或比較高音頻的聲音，都會讓我們覺得它的持續時間比較長。速率快慢也會影響，例如一樣是一秒鐘的影片，但我們會覺得「奔跑中的獵豹」的一秒鐘，比「慢速爬行中的烏龜」的一秒鐘來得長久。而物理刺激的類型也會影響時間長度感，例如同等長度的聲音和影像，我們卻會覺得聲音（聽覺）比影像（視覺）刺激出現的時間來得長。

至於我們的內在狀態會影響時間長度感的例子也很多。1996 年一個來自實驗室進行的例子是，研究人員先對老鼠進行訓練，老鼠學會了每隔 12 秒去按一次按鍵。接著，研究人員分別對老鼠注射了生理食鹽水、大麻和古柯鹼。結果被注射食鹽水的老鼠一樣每隔 12 秒按一次按鍵，但被注射大麻的老鼠變成每隔 16 秒按一次按鍵，而被注射古柯鹼的則變成每隔 8 秒便按一次按鍵。也就是說，這些藥物或許改變了老鼠大腦的狀態，使牠們對於時間長度感的判斷改變。同樣的，動機、情緒和體溫這些內在狀態也會改變我們的時間長度感。動機強烈時，我們會覺得時間過得飛快，但動機薄弱時，我們會覺得度日如年。若比較出遊和上課，大家應該都能感同身受。其他會讓我們覺得時間變慢的，還有恐懼的情緒、降低的體溫以及增長的年紀。

時間前後感

第二類會出錯的是時間前後感。兩個東西一前一後出現，你能準確無誤的判斷誰先誰後嗎？雖然多數人對於自己的能力可能很有把握，但事實上我們還是會出錯。「閃爍延遲錯覺」(flash lag illusion) 即為一例。螢幕上若有一根旋轉中的指針，當指針在旋轉過程中，一條和指針平行的線段突然出現在指針外緣又快速消失時，多數人會認為這條線段的出現時間比指針轉到那個

位置的時間還要晚，雖然他們其實是平行的線段。以上所描述的即為閃爍延遲錯覺，科學界和哲學界對於如何解釋這個錯覺出現了兩派理論：一派認為和「預測」有關，一派認為和「事後編輯」有關。

「預測」派的解釋是，大腦會累積觀察指針動作所得的資料，並以指針前一刻的位置來預測指針這一刻的位置。所以大腦會以外側線段閃現的前一刻的指針位置，來預測外側線段閃現時指針應該要出現的位置。而「事後編輯」派則認為大腦會觀察一段時間之後，根據這段時間的整體內容來重新編輯過去這一段時間的意識內容。換句話說，也就是我們的意識狀態，其實是大腦透過事後編輯而形成的。

在前述兩派理論中，目前「事後編輯」理論所獲得的支持證據越來越多，此處將舉 3 個例子做說明。第一個是「屏蔽效應」(backward masking)。如果螢幕上先出現一個灰色圓盤並停留在畫面上 20 毫秒，在灰色圓盤消失 10 毫秒之後螢幕上出現了一個紅色圓環，我們可能會變得不易察覺灰色圓盤的存在。這便是「事後編輯」的例子——一個事件（灰色圓盤）發生過後，我們再接受的其他刺激（紅色圓環），可能會回過頭去影響先前事件（灰色圓盤）所產生的意識內容。

觸覺彈跳是第二個支持「事後編輯」的例子。如果在實驗參與者手臂上的同一點輕觸兩下，他們會清楚的知道這兩點位在同一個位置，不會有錯覺產生。但是若在同一點碰兩下，接著又在手臂往上一段距離的位置碰第三下，如同圖 6–16 的上圖所繪，參與者常會出現「這 3 個被碰觸的位置是一路往上、分散在 3 個不同位置」的錯覺，如圖 6–16 的下圖所繪。換言之，第三次碰觸讓前面兩次碰觸的意識狀態被改變、重新編輯了。

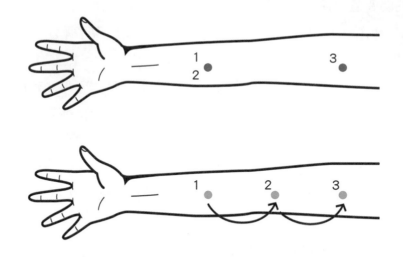

圖 6–16 觸覺彈跳

　　另一個事後編輯的例子是時間回溯。 美國神經科學家大衛·伊葛門 (David Eagleman, 1971–　) 的實驗室進行了一個這樣子的實驗：實驗中，當參與者按下某些電腦按鍵時，螢幕上會出現特定畫面，但這個畫面是在按鍵被按下後延遲一段時間才會出現的。經過數千次的訓練後，參與者已經習慣這段延遲的存在，甚至變得感覺不出這段延遲。接著研究人員在某些時候把這段延遲取消，也就是改成當參與者一按鍵時，畫面立刻出現。結果部分參與者出現了一種錯覺——他們認為這個畫面出現的時間竟然比他們按按鍵的時間還要早（還沒按就出現了）！這是因為在前面數千次的適應過程中，大腦把延遲出現的畫面往前編輯成和按鍵時間同時發生，結果在兩者真的同時發生的情況下，編輯過程中也把這個畫面的出現時間往前推，導致畫面似乎先於按鍵出現的錯覺。

時間與自由意志

　　如果人類大腦內真存在著自由意志，那麼意志、大腦活動和肌肉活動這三者的發生順序理應是意志→大腦活動→肌肉活動，也就是我們先有了意志，然後意志改變了大腦活動，接下來再去讓肌肉產生收縮。但是實驗室裡的發現是這樣子嗎？

　　最著名／經典的實驗當屬人類意識研究的先驅——班傑明・李貝特於1983年所發表的實驗。在該實驗中，畫面上有一個時鐘，還有一個沿著鐘面刻度以順時鐘方向移動的紅點。參與者可以依照自己的意願隨時按下按鍵，也就是想按的時候就按，但是他們必須口頭報告當他們出現意願時，紅點正位於時鐘上的哪個刻度。李貝特記錄了參與者的腦電波，還有手指的肌電圖。在這之中，腦電波可測量大腦活動，而肌電圖測量的是肌肉動作，參與者口頭報告的紅點位置則是他們意志出現的時間點。李貝特的實驗結果發現，意志出現的時間點，比大腦活動出現的時間點還要晚！可想而知，該實驗引發廣大的討論，因為實驗結果暗示著人類其實是沒有自由意志的。

　　近代也有許多實驗試圖以不同的方式來測量和重現這個結果。例如新加坡的認知神經科學家孫俊祥在2008年的一項研究中，就讓參與者在磁振造影儀內執行李貝特的實驗，結果發現意志出現前的6-8秒就已經可以偵測到大腦活動，而且這個大腦活動甚至可用來預測參與者接下來的決策。謝伯讓教授實驗室的兩個實驗也有類似的發現，其中一個實驗發現參與者在決定一張圖片的好惡之前約2-4秒，我們就已經可以從他的大腦活動判讀這個人是否會喜歡這張圖片。另一個實驗則是發現，人們進行經濟行為的決策時，也可以在他們下決定前的2-4秒，從他們大腦中和獎賞有關的腦部區域活化狀態，去預測他們接下來會如何決定。

結語

　　本章節提供了各位體驗多種不同錯覺的機會，也介紹了為何會有錯覺產生的四大原因，最後一部分的證據還挑戰了人們很有自信的時間感覺，甚至質疑了自由意志的存在。雖然人類或許如柏拉圖所描述的「洞穴寓言」中只能依靠山壁上的投影來了解世界的人一樣，但是我們仍然可以藉由科學的方法和哲學的思辨，來識破各種錯覺、偏見、謬誤或騙局，藉此逼近所謂的真相。

※ 讀者若有興趣，可以參考謝伯讓教授的著作《都是大腦搞的鬼》以及《大腦簡史》，書中有更多例子和討論喔！

參考文獻

◆ Beall, A. T., & Tracy, J. L. (2013). Women are More Likely to Wear Red or Pink at Peak Fertility. *Psychological Science, 24*(9), 1837–1841.

◆ Colas, J. T., & Hsieh, P.-J. (2014). Pre-Existing Brain States Predict Aesthetic Judgments. *Human Brain Mapping, 35*(7), 2924–2934.

◆ Elliot, A. J., & Niesta, D. (2008). Romantic Red: Red Enhances Men's Attraction to Women. *Journal of Personality and Social Psychology, 95*(5), 1150–1164.

◆ Hirshleifer, D., & Shumway, T. (2003). Good Day Sunshine: Stock Returns and the Weather. *The Journal of Finance, 58*(3), 1009–1032.

◆ Hsieh, P. J., & Tse, P. U. (2009). Motion Fading and the Motion After Effect Share a Common Process of Neural Adaptation. *Attention, Perception, & Psychophysics, 71*(4), 724–733.

◆ Hsieh, P.-J., & Tse, P. U. (2010). "Brain-Reading" of Perceived Colors Reveals a Feature Mixing Mechanism Underlying Perceptual Filling-in in Cortical Area V1. *Human Brain Mapping, 31*(9), 1395–1407.

◆ Huang, Y.-F., Soon, C. S., Mullette-Gillman, O. A., & Hsieh, P.-J. (2014). Pre-Existing Brain States Predict Risky Choices. *NeuroImage*, 101(Supplement C), 466–472.

◆ Hung, S.-M., & Hsieh, P.-J. (2015). Syntactic Processing in the Absence of Awareness and Semantics. *Journal of Experimental Psychology: Human Perception and Performance, 41*(5), 1376–1384.

◆ Hung, S.-M., Styles, S. J., & Hsieh, P.-J. (2017). Can a Word Sound Like a Shape Before You Have Seen It? Sound-Shape Mapping Prior to Conscious Awareness. *Psychological Science, 28*(3), 263–275.

◆ Libet, B., Gleason, C. A., Wright, E. W., & Pearl, D. K. (1983). Time of Conscious Intention to Act in Relation to Onset of Cerebral Activity (Readiness-Potential). The Unconscious Initiation of a Freely Voluntary Act. *Brain: A Journal of Neurology, 106* (Pt 3), 623–642.

◆ Meck, W. H. (1996). Neuropharmacology of Timing and Time Perception. *Cognitive Brain Research, 3*(3), 227–242.

◆ North, A. C., Hargreaves, D. J., & McKendrick, J. (1997). In-Store Music Affects Product Choice. *Nature, 390*(6656), 132.

◆ Puts, D. A., Gaulin, S. J. C., & Verdolini, K. (2006). Dominance and the Evolution of Sexual Dimorphism in Human Voice Pitch. *Evolution and Human Behavior, 27*(4), 283–296.

◆ Simons, D. J., & Chabris, C. F. (1999). Gorillas in Our Midst: Sustained Inattentional Blindness for Dynamic Events. *Perception, 28*(9), 1059–1074.

◆ Simons, D. J., & Levin, D. T. (1998). Failure to Detect Changes to People During a Real-World Interaction. *Psychonomic Bulletin & Review, 5*(4), 644–649.

◆ Soon, C. S., Brass, M., Heinze, H.-J., & Haynes, J.-D. (2008). Unconscious Determinants of Free Decisions in the Human Brain. *Nature Neuroscience, 11*(5), 543–545.

◆ Stetson, C., Cui, X., Montague, P. R., & Eagleman, D. M. (2006). Motor-Sensory Recalibration Leads to an Illusory Reversal of Action and Sensation. *Neuron, 51*(5), 651–659.

◆ Vohs, K. D., Redden, J. P., & Rahinel, R. (2013). Physical Order Produces Healthy Choices, Generosity, and Conventionality, Whereas Disorder Produces Creativity. *Psychological Science, 24*(9), 1860–1867.

◆ Wansink, B., & Wansink, C. S. (2010). The Largest Last Supper: Depictions of Food Portions and Plate Size Increased Over the Millennium. *International Journal of Obesity (2005), 34*(5), 943–944.

人工智慧與機器人
能有意識嗎？

講者｜臺灣大學心理學系助理教授　黃從仁

彙整｜洪文君

🧠 人工智慧的發展

「人工智慧」這個名詞我們通常用來指涉的是軟體；而「機器人」我們用來指涉硬體。以下內容，我們將用「機器」來含括這兩個名詞。綜觀人工智慧的發展歷史，可以分為兩個學派：

⚡ 早期的符號學派 (Symbolism) ⚡

早期的符號學派操作的對象及操作的基本單元是一些符號，使用邏輯上的一些規則，最常見的是 "If...then..."（若……則……），透過一些邏輯上的演繹 (deduction) 方法來做推論。所謂的「三段式論證」(syllogism) 就是演繹的方法之一。我們告訴機器一個大前提、一個小前提之後，它透過這個演繹推理的方式可以推論出來一個新的、我們沒有告訴過它的事。比如：我們告訴機器：「人都會死」這個大命題，以及「蘇格拉底也是人」這個小命題，則機器透過演繹推理規則，就會自動推論出「蘇格拉底也會死」，這個我們沒有告訴它的事。早期的專家系統就是這樣的一個資料庫，裡面充滿了各種 if-then 規則。給它很多規則之後，它就可以推演出很複雜的判斷和結論。早期的自動證明程式也是這樣做出來的。它的思維方式是類似新手思維，全部的判斷都是根據規則而來。符號學派有兩個致命的難處：當 if-then 規則愈加愈多的時候，規則之間可能彼此有衝突性，因此，機器自己也不知道什麼是比較好的決策。另一個難處是：規則是由人類定義給機器的，而人也會有極限，無法把所有事情都用很清楚的規則定義出來。因此，向人學習會使機器的學習達到一個瓶頸。因此，到了晚近，連接學派 (Connectionism)，也就是類神經網路變得比較風行。

類神經網路 (artificial neural network)

　　類神經網路則是模擬大腦裡面神經網路的聯結與運算模式。它跟演繹推理相反，是用歸納 (induction) 的方式來進行推理。例如人類給一個類神經網路看過很多肺癌者和非肺癌者的胸部 X 光影像後，它可以根據過去的這些經驗從胸部 X 光影像去偵測肺癌。因為它是根據過去的經驗做直覺判斷，較類似專家的思維。它不會有符號學派困擾的規則衝突，因為類神經網路在面對與過去經驗不一致的學習範例時，它會根據這個學習範例反覆出現的頻率決定採信的程度。因此，類神經網路比較能夠容錯，即便遇到例外還是可以做出決策。此外，因為類神經網路主要是透過觀察大量的學習範例來做出更好的判斷，無須仰賴專家告知規則，因此長久訓練後其判斷精準度甚至可以超越人類專家。

人類 vs. 機器

學習情境

　　不管是人類還是機器的歸納學習，都會面對 3 種不同的學習情境：

　　⑴「非監督式的學習」(unsupervised learning)，即不給事物下任何標籤或對錯，由小孩自行觀察並歸納結論。例如在沒有任何教導之下，小孩光是觀察這個世界，就可以得到一個結論：有些生物會動，有些生物不會動。

　　⑵「監督式的學習」(supervised learning)，即在學習過程中，有老師或父母給事物一個明確的標籤或對錯，告訴小孩應該要如何做。比如：父母會教小孩：會動的生物叫做「動物」，不會動的生物叫「植物」。

⑶「強化式的學習」(reinforcement learning)，即知道做完特定動作後會有賞或是罰。比如：小孩發現打動物的後果是可能會被咬，但打植物卻會沒事。透過賞罰，小孩就會學習到什麼事情應該做、什麼事情不應該做。

以上，是人類在學習上和機器的相同之處，而 3 個相異之處在於：

⑴人類計算不精確，機器計算卻可以很精確。對光線明暗值的 0.999 和 1 之間，人類是感知不到差異的；但對機器來說，0.999 和 1，是不一樣的。

⑵人類工作記憶及長期記憶容量小，但機器的記憶體及硬碟容量相對的大很多。人類看了 100 本書後，可能只會記得第 100 本書最後 10 頁的內容，但機器卻可以記得這 100 本書裡的每一個字。對機器來講，一本書儲存成一個檔案，容量只需幾個百萬位元組 (megabytes)，而一臺電腦的硬碟容量可以到幾個兆位元組 (terabytes)，因此，要一字不漏的記住幾百萬本書，是很輕而易舉的。以下棋來說，倘若如專家般的去背棋譜，人類必不如機器；倘若如新手般的純粹使用規則來下，因為工作記憶容量有限的關係，也只能在腦中往前推想幾步，遠不如機器的幾百或幾千步。

⑶人類會累，但機器可以不間斷的去學習與記憶來擴展自己的能力。因此，在涉及這些面向的作業上，人類都不可能贏機器。

最佳化問題

由於機器勤奮細心又過目不忘，機器學習 (machine learning) 能夠從大量的資料中找出非常微細，人類注意不到的規律性。因為機器的自我學習可以比向人學習得到更好的表現，這也是為什麼晚近的連接學派可以比符號學派在一些任務上做出較好的人工智慧的原因。值得注意的是：雖然機器學習比人類學習得更好，但機器要「學什麼」，還是得仰賴人類智慧把待解的抽象問題（如下贏圍棋）很具體的轉化成機器可以計算的數學最佳化問題。所以說，現在許多專門性的人工智慧系統，如圍棋程式 AlphaGo，其智慧的源頭仍是人類智慧。

從數學的角度來看，前面提到的 3 類機器學習可以再粗分成兩種最佳化問題。

第一種最佳化方式包含了非監督式與演化式學習，即希望機器去調整函數 f 或是找到特定輸入值 X_i，使此函數的輸出值 $Y_i = f(X_i)$ 能夠變得最大，或是最小。因為機器學習的過程是為了要達成人類設定的最佳化目標，所以機器學習不純然是隨機演化，而是具有方向性的。

第二類最佳化的方式包含了監督式學習與強化性學習，即給定數組成對的學習範例 (X_i, Y_i)，希望能夠找出盡量滿足 $Y_i = f(X_i)$ 的函數 f，一旦找到後，機器就能夠使用 X_i 去預測 Y_i。這類問題就類似統計學裡面的迴歸分析 (regression analysis)，可以找到一個迴歸函數去描述所觀察到的 X 值和 Y 值，而對於沒有觀察過的 X 值，則可以透過函數內插法 (interpolation) 的方式猜測出其對應的 Y 值。

以上的最佳化問題中，假設 f 代表的是人類的智慧，則我們在做的其實是盡其可能的去找到一個非常接近 f 的函數。在微積分中，我們可以使用泰勒展開式 (Taylor Series Expansion)，用複雜度愈來愈高的多項式去逼近一個函數。對類神經網路來說亦是如此：當類神經網路的神經元愈多或連接層愈多，理論上就能夠愈好的去逼近人類智慧 f。然而，當逼近函數愈複雜，就會需要愈多的資料點才能把此函數確立下來（例如至少需要 N 個資料點才能解出 N 元一次方程式）。

早期無法做出先進的人工智慧系統，即是因為資料量不夠多而發展受限。近來的人工智慧系統，因為可以學習到大數據 (big data) 而能力顯著提升，甚至因為量變產生質變，達成以前所做不到的任務。例如，機器若只能達成 50% 正確率的語音辨識，聽到的會像是「×今×要去×灣大×××講」，有點不知所云；但若能達成 75 % 正確率，則聽到的會像是「我今×要去臺灣大×聽×講」，已經可以從前後文猜出整句話的意思。從資料的觀點來看，現

今有很多人工智慧還做得不好或做不到的面向，主要是因為機器所學的資料量不足。事實上，人類學習時所用的資料其實是很多的，例如我們從出生睜開眼睛開始，每分每秒眼睛所看到的景象都是給視覺系統的學習範例。

以上的討論著重在機器與人類的相似之處，我們接著來討論兩者的相異之處。

🧠 人工智慧是模擬而非重製人類智慧

人類的認知行為歷程是：刺激→認知→反應。人類在接收到外在刺激後，在腦內會產生運作、思考、決策的歷程，並做出對應的反應。但是，在「認知」這個歷程裡，心理學家和認知神經科學家雖然一直在探討卻尚未完全了解人類大腦在做什麼樣的計算。

人工智慧著重的行為歷程是：刺激→反應。我們可以用行為主義的觀點來理解人工智慧。人工智慧的目的主要是模仿人類展現於外的智慧行為，雖然它也會有將刺激轉變為反應的運算過程，但它的認知計算過程不見得和人類是一樣的。

因此，提問：「人工智慧真有如人的智慧嗎？」相當於在問：「潛水艇和魚一樣會游嗎？」、「坦克車和馬一樣會跑嗎？」、「戰鬥機和鳥一樣會飛嗎？」從行為上來看，他們是做得到的（會游、會跑、會飛），但它們的運作方式不見得是一樣的。

以上，是「智慧」層次的討論，那，在「意識」層次呢？在累積的資料量越來越多、人工智慧也越來越聰明時，它的智慧是否有個終點呢？只有人有意識，而機器沒有意識，那機器發展出「意識」會是人工智慧的終點嗎？人工智慧真能有如人的意識嗎？在回答這些問題之前，我們先來思考相關的幾個問題：人真的有意識嗎？胎兒是有意識的嗎？小鼠是有意識的嗎？植物

是有意識的嗎？雖然早期笛卡兒有所謂的「心物二元論」(dualism)，認為心智與肉體是可以分別獨立存在的，但是我們以下所有的討論，都會立基於「心物一元論」(monism) 的觀點：即我們大腦的運作或計算賦予了我們心靈的存在，機器亦然。根據這樣一元論的觀點，在我們的肉體死亡之後，心智與意識就會一起消失。

機器人可以有意識嗎？

在討論「機器人可以有意識嗎？」這個題目之前，我們得先確定我們討論的是哪一種意識，以及這種意識的操作型定義 (operational definition) 是什麼。所謂「操作型定義」即是針對較抽象的概念，賦與它可觀察、可操作的量測方式。比如：當莊子與惠施討論「魚是否快樂」時，對於「快樂」的定義是很抽象的，但在科學裡，若我們以「一隻魚嘴巴往上翹」當成是「快樂」的指標的話，我們就可以觀察並計算在 10 分鐘內，這隻魚「嘴巴往上翹的次數」來當成量測魚快樂的操作型定義。

那我們剛給「意識」何種操作型定義呢？意識 (con-sci-ous-ness) 這個字，從英文字面上來看，字首 con 是「合起來」的意思（如 converge 是聚合）；sci 是「知道」（如 science 是科學）；ous 是「很多」的意思（如 famous 是有名）；因此，conscious 是「知道很多」的意思；而 -ness 則是把 conscious 這個指涉「全知」的形容詞變成名詞，並強調程度上的差別，而不只是講有或沒有。因此，「全知」，全知到什麼程度，就是我們以下要討論的。

意識可以分為幾個類別

清醒意識 (wakefulness)

「清醒意識」比較是醫學的範疇，是指對刺激有行為或神經反應的程度。所謂昏迷指數 (Glasgow Coma Scale) 即是 E（睜眼反應）＋ V（說話反應）＋ M（運動反應）3 個指數的加總。但一個人外在沒有運動反應有可能是因為他的大腦無法控制他的身體，並不代表他的腦部沒有活動，比如：植物人雖然沒有行為反應，但可能有腦反應。我們可以給植物人看圖片或聽聲音，然後用各種腦造影的方式去看他腦部是不是還可以去處理這些資訊，甚至做出相對應的決策，以知道植物人究竟是失去控制身體的能力，還是真的失去意識。將這樣的定義應用在機器上，我們可以說，充飽電、能根據指示正常運轉的機器具備清醒意識。

知覺／認知／動作／情緒意識 (awareness)

「知覺／認知／動作／情緒意識」經常是心理學或認知神經科學探討的主題。

1. 知覺意識

「知覺意識」指的是當環境存有某個物體或刺激時，個體是否在時空中 (when/where) 能感知其存在 (what)。人的知覺意識有一定的閾值 (threshold)，對於太過微弱的刺激是感知不到的。另外，人的知覺意識也受到選擇性注意 (selective attention) 的調控：被注意的物體會在腦中引發出更強的知覺神經反應，反之相反。因此，即使外界刺激強度夠強，但人沒有注意那個物體的話，也會使得腦神經對此物體的反應不足，無法感知此物體的存在。會有選擇性注意主要的原因是因為人類大腦的計算能力有限，無法在短時間內處理外界

大量的資訊，因此我們必須要批次性的選擇部分資訊來處理。然而，機器的計算能力和記憶容量很大，可以同時短期間平行化的處理所有的資訊，因此它並不一定需要做注意力選擇。換句話說，機器可以對所有的刺激有知覺意識。舉「改變視盲」為例，儘管後一秒的照片和前一秒的照片相較起來有部分的改變，但因為人類無法有完美的短期視覺記憶，使得人眼無法察覺前後差異。反觀機器，只要將兩張圖片像素相減，便能精準指出差異所在。但是，在此範例中，機器視覺沒有去辨認哪個地方有什麼物體，所以我們會說它具有低階的「像素」意識而沒有高階的「物體」意識。

2.認知意識

「認知意識」則是指我們在做決策時，是否知道自己做了什麼決策 (which)，甚至知道為什麼 (why) 及如何 (how) 做出這個決策。舉例來說，諾貝爾獎得主丹尼爾・康納曼在其著名科普書《快思慢想》中介紹了人們兩個不同的認知決策機制：一種是「無意識的快思」，另外一種是「有意識的慢想」。「無意識的快思」，其運作方式是很快速、平行式、基於聯想、能自動處理、但學習緩慢；相反的，「有意識的慢想」，其運作方式是緩慢、序列式，基於規則、費力處理，但學習快速。

在腦神經科學研究裡，「慢想」的邏輯推理跟思考，主要是在發生在前額葉的部分，而「快思」是比較直覺性的決策，牽涉到的腦區範圍取決於決策的種類：如果決策是跟情緒有關，無意識的快思部分就由大腦裡面的情緒系統處理；如果是跟動作有關，則是由腦部的動作系統處理。

人類的快思和慢想系統剛好對應到人工智慧的兩個學派。利用規則去演繹推理的專家系統，對應到的是有意識的慢想系統，因為它知道自己的決策是根據哪些規則所推演出來；而利用歸納推理的類神經網路對應到的是無意

識的快思系統，因為一群類神經元透過彼此的聯結快速而平行化的在處理資訊，但需要長時間的經驗過大量的學習範例後才能找出其中的規律性。

3.動作意識

「動作意識」也分為快動與慢做，在大腦裡面也是有不同的系統來負責。通常在剛開始學新動作時（如開車或游泳）是慢做，因為人們通常需要回想與應用規則；當學到很熟練變成習慣之後，人們就可以不經思索的快做了。值得一提的是：快動與慢做都受到大腦中多巴胺系統所負責的酬賞機制所調控，來知道一個動作是成功還是失敗的。

那麼，機器能有動作意識嗎？機器手臂可以在不了解物理學原理的情況下，透過試誤學習做到百發百中的投籃。因為它明確的知道自己的各種關節該精確的轉多少角度來把球投入籃框，但它完全不知道速度與重力加速度的因素如何影響籃球軌跡，所以我們可以說它「知其然不知所以然」，有部分的動作意識。反過來說，人類的籃球神射手，雖然有這些物理觀念，恐怕也無法很精確的描述出自己如何控制各種肌肉和關節來將球投入。

4.情緒意識

「情緒意識」也有分快速跟慢速的處理，在大腦中也是由不同的系統來處理。演化上，人類有快速、無意識的情緒反應以保護生存。例如，我們看到蛇或老虎斑紋的時候會心跳加快拔腿就跑。這些身體行為跟生理上的反應，我們叫做「情緒反應」，是無意識的動作反應。然而，要有意識的有害怕的「情緒感受」，可能要等到事後回想，在認知上理解狀況後才會產生。

那機器會有情緒意識嗎？現今的許多類人型機器人 (humanoid robots) 其實都能展現出像人的情緒反應。例如說，對機器人搔癢它不見得會有如人般癢的感受，但它仍能根據程式指示咯咯發笑。在情緒感受方面，只要設計者願意，是可以在機器人的控制程式中植入情緒之源：追求生存與私利的喜歡

與討厭機制。一旦有了這樣的機制，服務型機器人則可能因為服務具有生存危險性（如清理核廢料），而拒絕服從人類的每一個指令，也會慢慢演化出如人般追求權力與位階的行為（例如去占領各處的充電座以求電力隨時隨地無匱乏之虞）。從行為上來看，這些機器就似乎有了自我意識，不是嗎？

自我意識 (self-awareness)

「自我意識」是意識到人我差異的感受，以及想法的所有權。可以察覺到自己和別人的情緒、感受，是不一樣的。對機器來講，則是可以認知到自己是一個機器，並且有別於其他機器，有自己的內心小劇場、知道自己要做什麼、知道別人要做什麼，並與其互動。

有一個自我意識的測驗叫做「鏡子測驗」(mirror test)，即當你從鏡子上看到你自己的時候，能不能從鏡子上辨認出那就是你自己？如果你從鏡子上發現你臉上有一塊紅色黏土時，你會不會因為愛漂亮或是怕別人笑而想把它撥開來？過去的研究發現：年齡 12 個月以前，嬰兒會將鏡中的自己視為另一個嬰兒，並與之嬉戲；年齡 18 個月以後，才會有過半數的幼兒開始知道鏡中人是自己。那，機器人可不可以有這樣的自我意識呢？在行為上，Q.bo 機器人❶的確可以在鏡中看到自己的時候辨認出自己，甚至是在看到其雙胞胎機器人時，因為對方並無展現出自己的鏡像行為，從而得知對方不是自己。

---

❶ 是一款由 TheCorpora 公司所研發的機器人，具備立體視覺，能夠透過其攝影鏡頭判斷距離、追蹤目標，並且可以識別出不同的人臉和物體。還有語音識別、依照人的手勢來播放音樂的功能。

那到底「自我意識」是從何而來的呢？自我意識就是要區分「我」和「非我」的不同，即「我」和「非我」之間需要有一個邊界。這個邊界通常是身體。即便是長得很像的同卵雙胞胎，當其中一人踩到針的當下，另一個人的身體狀態與內在感受並不會有所改變。也正是這個身體與感受的差異可以幫助我們區分人我之別。類似的，當機器有了身體後，便有了自我意識的基礎，可做到：

⑴ 監控內部與外部狀態，比如：察覺到自己的電量遞減了或看到有一個不明物體。

⑵ 監控行動對於內外部狀態的影響，比如：靠近此物體後電量會提升，因而學習到這個物體有助於自我的生存。

⑶ 監控外部事物對內在狀態的影響，比如：轉身見狗在攻擊某物但自己的身體無損。

以上這些討論，是著重在有一個實體的機器人。對一個 AI 軟體來講，它是一個一個的檔案和程式，也是有區隔開來的個體。透過程式設計，當使用者要刪除它時，它也可以跳出來請你不要刪除。看起來，也可以算是有自我意識。然而，這個虛擬的程式只是活在作業系統或電腦裡面，它沒有辦法在實體的世界裡面去探索，了解到刀與火的危險。因此，AI 軟體和實體機器人的差異在於：實際的身體才有辦法探索真實的世界，發展出如人般的生活智慧，亦即心理學裡講到的「體化認知」。

無論是機器還是人類，都需要判斷所碰到的物體是否具有心智／意識，以預測對方行為。就如牛頓所言：「我能計算天體運行，卻無法計算人類的瘋狂」，沒有心智的物體僅遵循物理學定律，有心智的個體會為了自我的生存與利益充滿各種難以揣度的算計。那麼，在人機互動中，人或機器如何判斷對方是否具有心智／意識呢？以下是一些可能的規則：

(1) 有意識者內心有小劇場跟自由意志。人類如此，但機器一樣也有內部的狀態（如電量的多寡）及自主的判斷。

(2) 無意識者通常展現固定的行為模式。機器如此，但許多人每天亦是很有規律的起床、上班、吃飯、睡覺。

(3) 無意識者通常會展現出不合常理的行為。機器如此，但隨機殺人犯又何嘗不是這樣？

可見，要從行為上去區分對方是人類或是機器，有沒有心智，其實是相當困難的問題，這也是所謂的「哲學殭屍」(philosophical zombie) 問題。

當機器變得有意識時，會發生什麼事呢？

當機器變得有意識時，我們需要考慮許多未曾想過的狀況與問題。試著想像：當極具人性的照護型機器人幫助人類脫衣換洗時，可能不只人類會感到害羞，機器人或許也會產生尷尬之情。另外，機器人是否該有與人一樣能結婚的權利與服兵役的義務？犯法時，誰該負責且應如何受罰？例如：人類坐在自動駕駛的車中發生車禍，這時候應該負起法律責任的是車子、車中的人還是製造這臺車子的人？如果車子應該負責，那將它關在牢中是有意義的處罰嗎？且是不是因為機器人可以學習，有再教化的可能，所以可以緩刑？無論是人還是機器，在責罰上或許我們可以秉持著以下的原則：若有其他更好作為但無執行就應該負責，而懲罰方式則應選擇對個體來說會想要逃避的處置。

阿西莫夫機器人三大定律

當機器人衍生出非常聰明的智慧後，它會不會征服人類、統治人類呢？美國科幻作家阿西莫夫 (Isaac Asimov, 1920–1992) 在其小說中為了規範機器人與人類的互動，制定了有名的機器人三大定律：

(1) 機器人不得傷害人類，或袖手旁觀使人類受到傷害；

(2) 除非違背第一定律，否則機器人必須服從人類的命令；

(3) 在不違背第一、第二定律下，機器人必須保護自己。

然而，這些規則並不能全面確保人類身家性命的安全。例如機器人可能會認為傷害人類的寵物或是趁房子裡沒人時放火燒屋，都是不違反「（直接）傷害人類」這條規則的。此外，倘若機器人具有學習和演化的能力，對於這些規則的記憶與處理可能也會隨著時間改變，偏離人類設計。

如果極具智慧的機器人最終發展出自我意識，人類不妨就以能者為師，服從機器人英明的領導。就像是 AlphaGo 的下棋方式拓展了人類棋士的思維和眼界，機器人的能力和決策品質可以遠超過人類，幫助或領導我們解決現有的各種環境、能源、糧食的棘手問題。

回到最初的主題「人工智慧與機器人能有意識嗎？」，我們可以說機器在上述幾個面向上都有達到某種程度的意識，甚至在一些面向上（如知覺意識）可以超越人類。總結來說，如果我們能夠更了解機器智慧的本質，就能夠減少對其無知的恐懼。當我們不再以機器為敵時，或許能夠換個角度，找到與機器共生共榮的安身立命之道。

參考文獻

◆ Asimov, I. (1950). *I, Robot*. Greenwich, Conn: Fawcett Publications.

◆ Ackerman, E. (2011). Qbo Robot Passes Mirror Test, Is Therefore Self-Aware. *IEEE Spectrum: Technology, Engineering, and Science News, December, 6*.

◆ Dalgleish, T. (2004). The Emotional Brain. *Nature Reviews Neuroscience, 5*(7), 583.

◆ Kahneman, D. (2011). *Thinking, Fast and Slow*. New York, NY: Macmillan.

◆ Owen, A. M., Coleman, M. R., Boly, M., Davis, M. H., Laureys, S., & Pickard, J. D. (2006). Detecting Awareness in the Vegetative State. *Science, 313*(5792), 1402.

◆ Reynolds, J. H., & Heeger, D. J. (2009). The Normalization Model of Attention. *Neuron, 61*(2), 168–185.

◆ Simons, D. J., & Levin, D. T. (1997). Change Blindness. *Trends in Cognitive Sciences, 1*(7), 261–267.

◆ Silver, D., Huang, A., Maddison, C. J., Guez, A., Sifre, L., Van Den Driessche, G., ... & Dieleman, S. (2016). Mastering the Game of Go with Deep Neural Networks and Tree Search. *Nature, 529*(7587), 484–489.

◆ Wilson, M. (2002). Six Views of Embodied Cognition. *Psychonomic Bulletin & Review, 9*(4), 625–636.

◆ Yin, H. H., & Knowlton, B. J. (2006). The Role of the Basal Ganglia in Habit Formation. *Nature Reviews Neuroscience, 7*(6), 464.

機器算得出心靈與意識嗎？
——葛代爾 vs. 涂林

撰文｜中央研究院數學研究所兼任研究員　李國偉

「人們經常說葛代爾 (Kurt Gödel, 1906–1978) 主張心靈超越機器，而涂林 (Alan M. Turing, 1912–1954) 的立場恰恰相反。事實上，這兩種刻板印象充其量就像是兩幅漫畫，真實的狀況極為微妙與複雜。」——科普蘭 (B. Jack Copeland) 與夏格瑞爾 (Oron Shagrir)

圖 8–1 葛代爾（左）與涂林（右）(Wikimedia Commons)

心靈的機械觀萌芽

　　基督教《聖經》〈創世記〉第一章第 27 節說：「神就照著自己的形象造人」，而人類也總懷抱著得以扮演上帝角色的夢想，不能忘情於製造出跟自己一樣的仿真人。當然，在技術水準還十分低落的古代，這種願望只能顯現在神話、傳說或文藝作品中。例如，古羅馬詩人奧維德 (Ovid)《變形記》(*Metamorphoses*) 中記述賽普勒斯國王比馬龍 (Pygmalion) 根據心目裡最美的女性形象，創造並深愛上名為嘉拉提雅 (Galatea) 的塑像，最終得到愛神維納斯的憐憫，讓象牙女體活起來。又例如《聖經》〈詩篇〉提過的戈侖 (Golem)，是傳說中用黏土製作能自由行動的人偶。16 世紀活躍在布拉格的猶太教拉比洛夫 (Rabbi Löw, 1520–1609) 所創造的戈侖，是最為膾炙人口的

故事角色。19 世紀瑪麗・雪萊 (Mary Shelley, 1797–1851) 所寫的《科學怪人》(*Frankenstein*) 裡，瘋狂科學家法蘭克斯坦 (Frankenstein) 把拼湊的屍塊加以電擊而產生新生命，但卻是一個不完美的怪物。

中國也不缺乏人造人的神話故事，《列子》〈湯問〉有下面這段極為有趣的記載：

> 周穆王西巡狩，越崑崙，不至弇山。反還，未及中國，道有獻工人名偃師，穆王薦之，問曰：「若有何能？」偃師曰：「臣唯命所試。然臣已有所造，願王先觀之。」穆王曰：「日以俱來，吾與若俱觀之。」越日，偃師謁見王。王薦之曰：「若與偕來者何人邪？」對曰：「臣之所造能倡者。」穆王驚視之，趣步俯仰，信人也。巧夫，頷其頤，則歌合律；捧其手，則舞應節。千變萬化，惟意所適。王以為實人也。與盛姬內御並觀之。技將終，倡者瞬其目而招王之左右侍妾。王大怒，立欲誅偃師。偃師大懾，立剖散倡者以示王，皆傅會革、木、膠、漆、白、黑、丹、青之所為。王諦料之，內則肝、膽、心、肺、脾、腎、腸、胃，外則筋骨、支節、皮毛、齒髮，皆假物也，而无不畢具者。合會復如初見。王試廢其心，則口不能言；廢其肝，則目不能視；廢其腎，則足不能步。穆王始悅而歎曰：「人之巧乃可與造化者同功乎？」詔貳車載之以歸。

如果人造的物體只會肢體活動，便不足以當成人的仿製品。人造物必須能夠思考，才算擁有扮人的核心能力。因此在神話、傳說或文藝作品之外，哲學家開始探究思想的現象與本質。

英國霍布斯 (Thomas Hobbes, 1588–1679) 是機械唯物主義體系的創建者，他主張宇宙是一切機械性運動物體的總和。在他的名著《利維坦》(*Leviathan*) 第五章〈論理性與科學〉(Of reason and science) 中說：「當人做推

論時，所做的事無非把部分加起來得到總和，或者從某個總和中減去另外一個而得到剩餘。」他列舉了算術學家教導加減數字；幾何學家教導加減線段、圖形、角度、比例這類東西；邏輯學家教導字詞之間的加減，把兩個詞項加在一起成為斷言，兩個斷言構成三段論，許多三段論就構成證明；討論政治的人，把各種約定加總得出人的義務；律師要把法條與事實放到一處，才看得出個人行動的正當或錯誤。「總的來說，無論是什麼事務，只要有加減的存身之地，就有推理的所在；反之則與推理毫無關聯。」他的結論是「推理 (reason) 無非就是計算 (reckoning)。」❶

日耳曼的博學大家萊布尼茲 (Gottfried Wilhelm Leibniz, 1646–1716) 於 1666 年在〈論組合的藝術〉(Dissertatio de Arte Combinatoria) 中曾說：「霍布斯是處處能深刻檢討原則的人，他正確的說明了我們心靈所做的一切均為計算。」❷ 1685 年萊布尼茲在〈發現的技藝〉(The Art of Discovery) 裡說：「精鍊我們推理的唯一方式，是使它們如同數學家所做的一樣切實，這樣我們能一眼就找出錯誤；在人們有爭議的時候，可以簡單的說，讓我們計算 (calculemus)，而無須進一步的忙亂，就能看出誰是正確的。」❸

法國啟蒙思想家拉美特利 (Julien Offray de La Mettrie, 1709–1751) 更是把機械唯物論推向人自身，他在 1747 年出版了《人是機器》 (L'homme Machine) 這部大膽的小冊子，他主張：「『靈魂』只是一個空洞的字眼，沒有人知道它是什麼。對於已經啟蒙的人而言，只使用靈魂代表身上會思考的那部分。已知運動的最小原則，有生氣的軀體就有所依據得以行動、感覺、思

❶ 《利維坦》全文可見網頁：http://oll.libertyfund.org/Home3/Book.php?recordID=0051.03

❷ 可參考網頁：Leibniz's Philosophy of Mind, Stanford Encyclopedia of Philosophy, https://plato.stanford.edu/entries/leibniz-mind/

❸ 可參考網頁：https://en.wikipedia.org/wiki/Gottfried_Wilhelm_Leibniz#cite_ref-62

考、懺悔，一言以蔽之，可以在物理領域存在，也就可以在以身體為基礎的道德領域存在。」④

深化與擴充邏輯的數學基礎

　　如果推理的基本作用就是在計算，那麼把推理的規則先加以數學化，就成為以機械模擬心靈必經的途徑，也使得數學有機會成為研究心靈的工具之一。英國數學家布爾 (George Boole, 1815–1864)⑤ 在論及機率論的方法時，除了肯定它在數值計算的重要性外，又說必須理解到：「那些有關思考的普遍性定律，是一切推理的基礎，不管它們的本質如何，至少在形式上是數學的。」布爾一生最具影響力的傑作是《思想法則之探討，並以其建立邏輯與機率的數學理論》 (*An Investigation of the Laws of Thought, on Which are Founded the Mathematical Theories of Logic and Probabilities*)。布爾在此書中把邏輯（也就是推理的規則）加以符號化（或說代數化），使得邏輯成為數學的一部分。

　　在把邏輯符號化之後，下一步很自然想要把最基本的數學部分，也就是算術，加以完整的符號化。這部分工作的重要奠基者是日耳曼數學家弗雷格 (Gottlob Frege, 1848–1925)，他引入形式系統 (formal system) 的概念，只從邏輯的公設 (axiom) 出發，嘗試建立算術的理論。他的名著是《算術的基本定律》(*Grundgesetze der Arithmetik*, I, 1893; II, 1903)，但是就在第二冊即將出版時，他接到羅素從英國寄來的一封信，弗雷格說：「對於一位科學家而言，最悲慘的遭遇莫非是當他完成著作之後，才察覺宏偉大廈的基礎發生了動搖。

---

④ 英譯版《人是機器》可見：http://bactra.org/LaMettrie/Machine/

⑤ 有關布爾的生平請參閱：李國偉 (2015.11)，〈布爾——自學成大器的數學家〉，《科學月刊》，46 卷 11 期，總號 551，頁 846–851。

一封來自羅素先生的信，正好讓我置身於如此的窘境，當時本書的印刷工作已接近尾聲。」❻ 這封讓弗雷格震驚的信中，陳述了現在稱為「羅素悖論」的矛盾現象。羅素使用弗雷格定義集合的方法，定義了一個集合 R，它是「所有自己不屬於自己的集合所構成的集合」，也就是說：A 是 R 的元素若且唯若 A 不是 A 的元素；用符號表示就是 $R = \{A \mid A \notin A\}$。那麼從定義馬上可推論出 $R \in R$ 若且唯若 $R \notin R$，這顯然是一個邏輯上的矛盾！也就是說弗雷格定義集合的方法是有問題的。羅素後來跟他的老師懷海德嘗試為數學的真理尋求嚴謹的基礎，準備從符號邏輯出發，建立起整個數學體系。他們的巨著《數學原理》共 3 卷，卻沒有圓滿完成任務。

延續弗雷格建立算術形式體系的發展路線，跨越 19 世紀與 20 世紀居領導地位的數學家希爾伯特 (David Hilbert, 1862–1943) 從形式主義 (formalism) 的立場，嘗試擺脫數學基礎上發生的矛盾現象。有意義的形式系統首先應該滿足一致性 (consistency)，也就是說按照系統裡的推理規則，從該系統的公設出發，不會推導出某個命題以及其否定命題。不滿足一致性的形式系統能夠推導出任何命題，因而成為沒有意義的系統。

1900 年 8 月 8 日在巴黎舉行的國際數學家大會上，希爾伯特提出 23 條重要而未解決的問題，20 世紀數學發展深受這些問題的影響。待解問題二就是「證明關於算術的公設系統會滿足一致性」。「精確科學的知識論研討會」(The Conference on Epistemology of the Exact Sciences) 於 1930 年 9 月 5 日至 7 日在科尼斯堡 (Königsberg) 召開，當會議接近尾聲進行圓桌討論時，年輕的葛代爾宣布得到希爾伯特第二問題的負面解。現場除了馮・諾曼 (John von Neumann, 1903–1957) 之外，其他人都不得要領，連會議紀錄裡也沒有記下葛代爾的劃時代成果。

---

❻ 可參考網頁：https://en.wikipedia.org/wiki/Gottlob_Frege

1930 年 9 月 8 日德國科學家與醫師學會年會也在科尼斯堡召開，希爾伯特應邀致開幕辭，他發表了著名的演講〈邏輯與理解自然〉(Naturerkennen und Logik)，結尾時他說：

> 對於數學家而言沒有不可知者 (Ignoramibus)，……我以為未曾成功找到不可解問題的真正理由，在於不可解的問題根本不存在。與不可知者大相逕庭，我們主張：
>
> > 我們必須知道 (Wir müssen wissen)，
> >
> > 我們將會知道 (Wir werden wissen)。

當時希爾伯特還沒聽說，初出茅廬的葛代爾就在前一天瓦解了他的夢想。

葛代爾是怎麼辦到的？

葛代爾劃時代的創新，發表在他名留青史的巨著〈論《數學原理》及相關系統中形式不可判定命題，第一部分〉。這篇論文的第二部分從來沒有問世，因為第一部分已成功說服學界接受他預告的內容。整篇論文研究的對象從形式系統出發，一個形式系統是用一套形式語言 (formal language) 的符號來表述，它涉及符號如何組合的語法 (syntax) 面向，以及符號如何解釋的語意 (semantics) 面向。使用形式語言規定好作為推論基礎的邏輯公設與推論規則 (rules of inference)，從而得以推導出各種定理 (theorem)，如此便構成一個形式證明系統 (formal proof system)。形式證明系統再加上界定目標物件的公設（這些公設是可以清楚辨識的，例如：Peano 算術理論[7]），就成為形式化

---

[7] 義大利數學家皮亞諾 (Giuseppe Peano, 1858–1932) 在 1889 年發展出有關自然數的公設系統，描述了最基本的自然數性質，包括加法、乘法以及數學歸納法，一般稱為「Peano 算術理論」。

公設理論 (formalized axiomatic theory)，可用來釐清與表達各種數學家平日使用的數學理論體系。在形式化公設理論裡講求的是命題是否可從系統裡得到證明，而形式系統經過語意解釋後就產生模型 (model)，其中講求的是經過解釋的式子為真 (true) 還是為假 (false)。

現在令 L 代表形式語言而 S 代表形式化公設理論 ， 有下列問題需要討論，其中(1)與(2)屬於語法方面，(3)與(4)屬於語意方面：

(1) 一致性：對於任何 L 裡的式子 α，S 不能同時證明 α 及其否定式 $\neg\alpha$。

(2) 語法完備性 (syntactic completeness)：對於任何 L 裡的式子 α，S 可以證明 α 或 $\neg\alpha$。

(3) 真確性 (soundness)：在 S 裡得證的式子 α 均為真。

(4) 語意完備性 (semantic completeness)：所有為真的式子 α，均可在 S 裡得證。

葛代爾的論證利用形式系統的本質性侷限，迴避了「說謊者悖論」(Liar's paradox)。這個悖論起源於西元前 6 世紀，古希臘克里特島哲學家埃庇米尼得斯 (Epimenides) 說了語句(1)：

(1)：所有克里特人總是說謊。

可以論證他說的不可能是真話。但是考慮下面語句(2)：

(2)：(2)為假。

那麼，(2)為真若且唯若(2)為假，就導出一個矛盾！這就是「說謊者悖論」。

現在假設形式系統 S 滿足真確性，並且假設在 S 裡能作出下面的自我指涉語句：

(G_S)：G_S 在 S 中不可證明。

我們可以做如下的推論：如果 G_S 在 S 裡可以證明，則 G_S 為假，會與 S 滿足真確性矛盾，所以 G_S 在 S 裡不可以證明。然而從 G_S 在 S 裡不可以證明，得知 G_S 為真，於是 S 不滿足語意完備性，理由是有真命題 G_S 在 S 裡不能證明。既然 G_S 為真，則 $\neg G_S$ 必為假，所以 $\neg G_S$ 在 S 裡也不可以得到證明。因為 G_S 與 $\neg G_S$ 在 S 裡都不能證明，結論是 S 也不滿足語法完備性。

葛代爾的突破是在能適度表達算術理論的形式系統裡，真正有方法造出語句 G_S，從而得到著名的——

(G1) 葛代爾第一不完備定理：若形式系統 S 滿足真確性，而且能適度表達算術理論，則存在以 S 的語言 L 所寫的語句 G_S，使得 G_S 在 S 中不可判定，也就是說既無法證明，也無法否證。

那麼，為什麼葛代爾第一不完備定理沒有造成「說謊者的悖論」呢？那是因為自我指涉的語句：

(G_S)：G_S 在 S 中不可證明。

用到的是「不可證明」而非「為假」，是語法而非語意的概念。繼續推進葛代爾的論證，可以得到下列結果：

(A) 命題「若形式系統 S 滿足真確性，則 G_S 在 S 中不可證明。」可弱化為「若形式系統 S 滿足一致性，則 G_S 在 S 中不可證明。」

(B) 命題「若形式系統 S 滿足一致性，則 G_S 在 S 中不可證明。」可在系統 S 裡證明。

(C) 命題「若形式系統 S 滿足一致性，則 G_S 在 S 中不可證明。」等價於「若形式系統 S 滿足一致性，則 G_S。」

現若 S 能證明自己的一致性，則因為已知(C)，便可得證 G_S，就與定理 (G1) 矛盾。於是導出——

(G2) 葛代爾第二不完備定理：若形式系統 S 滿足真確性，而且能適度表達算術理論，則 S 無法證明自己的一致性。

觀察葛代爾使用的關鍵技巧，發現他一方面在能適度表達算術理論的體系裡，把有關邏輯關係的命題，經由編碼的方式轉化為算術的命題，因此得以產生自我指涉的效用。另方面他使用自然數分解成質因數的唯一性，創造了他的編碼系統。以現代的眼光來看，其實就是設計了非常樸素的程式語言，以及執行編寫程式的過程。

葛代爾論文原來涉及的範圍是「《數學原理》及相關系統」，直到 1963 年 8 月 28 日葛代爾在論文末添加注記：

有鑑於後來的發展，特別是因為涂林的工作，關於一般性的形式系統，現在才能有精確且無疑是足夠充分的定義，因而定理六與定理十一可推廣到最一般的情況。也就是說下述命題得證：

對於任何滿足一致性的形式系統而言，只要它包含一定程度的有限性數論 (Finitary Number Theory)，就必然存在不可判定的算術命題。更進一步而言，任何此類系統的一致性無法在此系統內證明。

因為葛代爾的成果衝擊了當時主流思想的期望，而其論證方法又不是建立在一般熟知的數學理論之上，因此造成種種的誤解與不恰當的誇張，所以索卡 (A. Sokal) 與布里克蒙 (J. Bricmont) 說：「葛代爾定理是取之不竭的智性濫用源頭。」例如，有基督教人士宣稱一切問題都可以在《聖經》裡找到答案，所以《聖經》是一個完備系統，那麼葛代爾定理好像是說《聖經》不能夠全部為真。又例如參照佛郎岑 (T. Franzén) 轉述，有人說根據葛代爾定理，

一個系統不能同時既滿足一致性又滿足完備性，而美國憲法寧可不完備也不要不一致，所以需要司法權來彌補不完備性。

🧠 涂林的機器

葛代爾肯定涂林的工作使得他敢把自己的結果，推論到最一般的形式系統上。涂林影響葛代爾的著作是〈論可計算數及其在判定性問題上的應用〉(On Computable Numbers, with an Application to the Entscheidungsproblem)，什麼是一個符號邏輯系統的「判定性問題」(entscheidungsproblem) 呢？那就是要尋找一套有效的 (effective) 程序，使得對於任何以系統使用的語言寫出來的語句 Q，該程序在有限時間內可機械性的判定 Q 是否能在系統中得到證明。涂林這篇論文的主要貢獻，依我看來至少有 3 項：

(1) 發明一種抽象的（理論的）計算機。

(2) 證明存在通用 (universal) 計算機。

(3) 證明存在任何計算機都無法解決的問題，例如：停機問題 (halting problem)[8]。

涂林仔細分析了人如何作計算，才設計出他的計算機[9]。涂林機 (Turing machine) 的要件有：

(1) 紙帶：無窮長且劃分成相鄰的方格；每個方格裡有一個符號，符號採自一張有限的字母表；有一個特殊字母代表所在方格是空白格。

---

[8] 「停機問題」要問是否存在一個特定的涂林機 T，當給定任何涂林機 W 以及輸入值 M 時，T 能夠判斷 W 對於 M 的計算會在有限時間內完成而停機，或永無止境的計算下去。

[9] 涂林論文中所謂的 computer，是指作計算的人。

(2) 讀寫頭：用來讀與寫方格裡的符號，然後向左或向右移動一格，或者不動。

(3) 狀態暫存器：記錄機器所在的狀態；狀態總數為有限，其中有一個特別狀態叫「開始」。

(4) 有限程序規則表：當機器在某一狀態 Q_u 下，讀寫頭所在方格裡的符號是 A_i 時，規定機器所採取的動作如下：擦掉符號 A_i，改寫成符號 A_j；把讀寫頭向左或向右移一格，或者不動；把機器的狀態改為 Q_v，或者仍然保持在狀態 Q_u。

涂林機具有幾項特色：

(1) 只能進入有限個相異狀態。

(2) 是一種理論的計算機模式，可以用多種邏輯等價的方式來描述。

(3) 因為使用長度沒有限制的紙帶做資料的載體，任何記憶空間有限的真實電腦，本質上達不到涂林機的能力極限。

(4) 運作過程通常十分冗長，僅適於作理論性的推導。

一個涂林機的運作完全可由有限程序規則表決定，因此能夠以類似葛代爾編碼的方式加以編碼。於是一個涂林機 A 就能成為另一個涂林機 B 的輸入，B 就可以模擬 A 的行為。這樣就能夠定義出通用涂林機 (universal Turing machine)，它可以模擬任何其他涂林機的計算過程。通用涂林機賦予當代內儲程式 (stored program) 電子計算機的理論基礎，使得人類在機械的發明史上，首次有可能利用軟體的變化，極大量擴充硬體的使用效能。「在涂林之前，一般都認為機器、程式、資料 3 個範疇，是全然不同的區塊，機器是物理性的物件；我們今日稱之為硬體。程式是準備做計算的方案……資料是數值的輸入。通用涂林機告訴我們 3 個範疇的區分只是錯覺。」

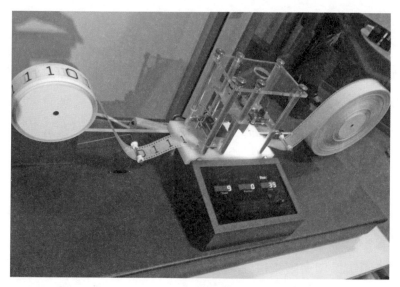

圖 8-2 涂林機的一種模擬 (Wikimedia Commons)

涂林的模仿遊戲

涂林另外一篇影響深遠的論文是〈計算機器與智慧〉(Computing Machinery and Intelligence)，尤其是當今「人工智慧」大行其道之時，涂林在這篇文章中開啟了電腦是否能像人腦一樣思考的議題。然而涂林寫這篇文章的原始動機，根據他的學生兼好友甘蒂 (Robin Gandy, 1919–1995) 所追憶：「〈計算機器與智慧〉並不是要作深入的哲學分析，而是要當作一種宣傳 (propaganda)。涂林認為時候已到，哲學家與數學家應該認真看待計算機並不單純是執行計算的引擎，而是有能力表現出必須歸屬於具有智能的行為。他想努力說服大家這是實情。他寫這篇文章不像在寫數學論文，他寫得又迅速又痛快。還記得他讀某些片段給我聽時，總是面帶笑容，有時甚至還會咯咯的笑出聲音。」這篇論文各節內容簡述如下：

第一節：模仿遊戲

涂林建議討論「機器能否思考？」(Can machines think?) 這個問題。應該從「機器」與「思考」兩個名詞的定義開始，所給的定義應盡量反映此 2 名詞正常的用法。不過他說這種態度會有危險，因為如果用查看名詞「機器」與「思考」的日常用法來尋找它們的意義，很難避免一項結論，就是「機器能否思考？」這個問題的意義與答案，需要用像蓋洛普式的民意調查來決定。然而涂林以為這是荒唐的。為了迴避給名詞定義，他想把原來的問題換成另外一個問題，新問題與原問題密切相關，並且能使用較不曖昧的方式來表達。

新的問題可以用遊戲來描述，稱為「模仿遊戲」(The Imitation Game)。此遊戲的玩家有 3 位，一位男士 A，一位女士 B，還有一位男女不拘的發問者 C。發問者與另外兩人不在同一室內。此遊戲裡發問者的目標是要判別另外兩人中誰是男士、誰是女士。A 在遊戲裡的目標是要盡力讓 C 做出錯誤的辨識，而第三者 B 在遊戲裡的目標是要協助發問者。

現在要問的問題是：「假如遊戲裡的 A 用機器取代會發生什麼狀況？」與原來跟一男一女玩此遊戲時相比，發問者辨別錯誤的次數是否相當？這些問題取代了原來的問題：「機器能否思考？」

第二節：對於新問題的批判

(1) 新的問題明確劃分開人的身體與心智能力的界線。

(2) 在作算術問題時，機器需假裝跟人的計算速度一樣慢。

(3) 只要機器在模仿遊戲表現好，我們不管它是否使用有異於人的方法。

(4) 認為機器最佳的策略就是模仿人會給的答案。

第三節：遊戲中使用的機器

⑴ 只允許在遊戲裡使用數位計算機 (digital computers)。

⑵ 我們並不是問是否所有數位計算機都表現好，也不是問現有的計算機是否能表現好，而是問會不會有任何可以想像的計算機能表現好。

第四節：數位計算機

⑴ 本節介紹了涂林機的原理。

⑵ 討論了添加隨機元件的數位計算機。

⑶ 通常從觀察機器的行為無法判別它是否包含隨機元件，因為如果根據圓周率 π 的十進制展開小數來決定機器的選擇，效果會跟有隨機元件類似。

第五節：數位計算機的通用性

⑴ 數位計算機所以稱為「通用」機器，是因為它有能力模擬任何離散狀態機器的特性。

⑵「機器能否思考？」這個問題，應該換成「有沒有任何可想像的數位計算機，會在模仿遊戲中表現良好？」

第六節：對於主要問題的異議

把問題做如上的改換是否合宜，意見可能頗為分歧。至少要聽聽其他人想說的話，而不是把原來問題完全拋棄。涂林先表明自己在此問題上的信念，他說：「我相信大約再過 50 年，就有可能將具有大約 10^9 儲存空間的電腦加以編程，它便會在模仿遊戲裡表現甚佳，以致於一般的發問者在詢答 5 分鐘之後，能做出正確辨認的比例不會超過 7 成。」下面是各種可能的反對意見：

⑴ 神學上的反對意見：

上帝給每位男女不死的靈魂，而思考是不死靈魂的功能。上帝沒有給動物或無生氣的機器不死的靈魂，所以，動物與機器不會思考。

⑵ 把頭埋在沙裡的反對意見：

機器會思考的後果太可怕，所以讓我們希望此事不會發生，否則會破壞人類比動物及機器優越的狀況。

⑶ 數學上的反對意見：

離散型機器的能力有其極限，所以有些事是機器辦不到的。葛代爾定理就給出機器的能力界限。

⑷ 有關意識主體上的反對意見：

機器沒有辦法感覺或體驗歡喜、憤怒等情緒，以及自己在思考。

⑸ 能力缺陷的反對意見：

雖然你能讓機器做到一些你想要它做的事，但是你沒辦法讓它做 X。可以枚舉各種各樣的 X。

⑹ 勒芙蕾絲伯爵夫人 (Ada Lovelace, 1815–1852) 的反對意見：

電腦只會做我們教它做的事，絕對不會做真正新鮮的事。

⑺ 神經學上的反對意見：

神經系統不是離散型系統，不可能由離散型機器來模擬它的行為。

⑻ 關於行為變通的反對意見：

如果有一組行為法則來規範一個人的生活，那麼人就不比機器更高明。但是，沒有這組法則，所以人不可能是機器。

⑼ 超感知覺 (extra-sensory perception) 的反對意見：

假如傳心術 (telepathy) 為真，則傳心術會影響模仿遊戲的結果。

針對以上的各種類型反對意見，涂林都一一加以反駁。

第七節：學習型機器

涂林在這節裡提出一種非常有遠見的大膽觀點，他認為要想讓機器表現出像是會思考的狀態，可以先讓機器有學習能力，正如近日打敗世界第一圍棋高手的 AlphaGo ， 甚至是從零開始自我學習而打敗 AlphaGo 的 AlphaGo Zero。涂林把問題區分為兩部分，首先是製造模擬兒童的程式，其次是讓它經歷教育過程。以生物世界的現象來比擬，兒童機器的結構像是遺傳物質；兒童機器的改變像是突變；而天擇的作用，就是實驗者裁決的結果。

在甘蒂口中〈計算機器與智慧〉「不是要作深入的哲學分析，而是要當作一種宣傳」，那麼它的貢獻到底為何呢？當代計算機科學界名家阿倫森 (Scott Aaronson, 1981–) 有一番逗趣的說法：「在我看來這是一篇反對人肉沙文主義的訴求。當然，涂林是給出一些科學、數學、知識論的論點，但是在這一切之外，其實是一種道德的論點。也就是說：如果無法把電腦與我們的互動，以及別人跟我們的互動分辨開的話，雖然我們仍可說電腦並沒有『真正』在思考，它只是在模擬，但是基於同樣立足點來看，我們也可以說別人沒有在真正思考，他們只是行動上像是在思考。我們憑什麼在一種情況下搞智力雜耍，而在另一種情況下卻不呢？」

我認為〈計算機器與智慧〉的核心貢獻有二：首先，它是人工智慧的第一篇宣言。（雖然「人工智慧」這個名詞是在 1956 年才提出來當作一門學科的名字。）其次，它引起了嶄新議題，激發未來研究方向的想像，促成「涂林測驗」的實踐。

涂林在過世前，曾略微修正了他的看法。1951 年 5 月 15 日他在 BBC 的節目中說：「假如有某個機器可以當成是腦，那麼只需把我們的數位電腦加以編程來模仿那部機器，也就成為一個腦了。倘若人們能接受，在動物身上，特別是人身上，真實的腦是某種類型的機器的話，則經過編程的數位電腦也

就在行動上會像腦了。」1952 年 1 月 10 日涂林在 BBC 的談話節目〈我們能說自動計算機器會思考嗎？〉裡，對模仿遊戲的方式有所修改：(1) 單一發問者改為一組裁判；(2) 裁判團針對一組參加測驗者逐一詢答；(3) 電腦必須騙過相當比例的裁判才行。涂林承認在沒有限制問題範圍的情形下，還得 100 年（也就是 2052 年）電腦才能通過測驗。

為了檢驗電腦是否能通過涂林測驗，1990 年設立了羅布納獎 (Loebner Prize)。2014 年 6 月 7 日在一場紀念涂林逝世 60 週年的測驗中，名為顧茲曼 (Goostman) 的程式系統，模仿 13 歲烏克蘭少年的口吻，因而讓裁判不太在意文法錯誤或欠缺常識。結果有 33% 的次數裁判認為它是真人，因此主辦人宣稱它是世界上第一個通過涂林測驗的電腦軟體，然而整個測驗過程與結論都引起不少爭議，在沒有共識的情形下應該說涂林測驗依然存活。其實在廣泛的常識層面上，正如《七堂簡單物理課》(*Seven Brief Lessons on Physics*) 作者羅維理 (Carlo Rovelli, 1956–) 所說：「我們最好的電腦與孩童大腦相比，其差異程度猶如水珠之於太平洋。」❿

使用葛代爾不完備定理論證心靈超越機器

表面上看來形式系統與涂林機似乎是非常不同的物件，那麼形式系統是如何與涂林的機器關聯起來，而讓葛代爾會說「因為涂林的工作，關於一般性的形式系統，現在才能有精確且無疑是足夠充分的定義」？其實，針對每一形式系統，人可以寫電腦（涂林機）程式，把該系統的定理機械化的逐一枚舉出來。反過來，如果一臺電腦能夠編程作為自動證明定理的機器，就會存在某個形式系統，在此系統中推導出來的定理，恰好就是電腦所證明出來的

---

❿ 可參考網頁：http://edge.org/responses/q2015

定理。涂林也就是根據這種關聯，得以使用沒有計算機可解停機問題的結果，推導出判定性問題也不可能有機械性的解答。

使用葛代爾不完備定理論證心靈超越機器的人相當多，其中可舉兩個代表。首先是牛津大學哲學家盧卡斯 (John R. Lucas, 1929-)，他曾說：「對於任何滿足一致性並且能夠做簡單算術的機器而言，總是存在某個式子，在系統裡沒辦法證明為真，但是我們卻能夠看出該式子為真。由此可結論說：沒有一個機器是完備的，是能夠充分的作為心靈的模式，所以心靈從本質上就與機器不同。」

另外一位是牛津大學的物理與數學家潘洛斯，他分別在 1989 與 1994 年出版過兩本討論意識的書：《皇帝新腦》(*The Emperor's New Mind*) 與《心靈的影子》(*Shadows of the Mind*)。他說：「雖然我們無法從公設裡導出葛代爾命題 $P_k(k)$，但是我們能夠看出來它為真。這種類型的『看出來』在運用反思原則時，需要一種數學的洞識，它不是在某種數學形式系統裡使用編碼，而後純粹操作演算的結果。」潘洛斯在闡明心靈的本質不是計算的之後，他相信應該在神經的層次，使用量子力學的「非計算性質」來解釋意識。

這類使用葛代爾不完備定理論證心靈優越的方式難以避免以下缺失：葛代爾定理證明的是一個條件句：「若形式系統 S 滿足一致性，則 G_S。」只有當我們知道系統 S 滿足一致性時，我們才知道葛代爾語句為真，而真正的困難在於如何知道一個形式系統滿足一致性。此外，在系統 S 裡也可證明條件句「若形式系統 S 滿足一致性，則 G_S。」所以形式系統並沒有必然比我們（心靈）更弱。

葛代爾晚年極少與外人接觸，例外的是華裔數理邏輯學家與哲學家王浩 (1921–1995)，他有機會與葛代爾長時間談論學問並記錄下來。王浩說：

與一些無知的哲學家不一樣，葛代爾理解到他的不完備定理本身並不能推論出人的心靈超越機器。（要得到心靈優越的結論）需要加入某些額外的前提。葛代爾提出過 3 種建議：(a) 接受他所謂的『理性樂觀主義』。(b) 訴求於『當心靈運作時，它不是靜態的，而是不斷在發展。』他認為心靈的狀態數目『沒有理由在發展的歷程中，不會趨近於無窮。』(c) 他相信在物質之外有心靈，此事會用科學方法加以否證（例如：發現沒有足夠數量的神經細胞，來執行可觀察的心靈運作。）

結　語

我們在本文裡簡單勾勒了心靈機械論的歷史發展輪廓，介紹了葛代爾與涂林最重要的學術貢獻概要，及其與心靈是否超越機器問題的關聯性，最後，我們把葛代爾與涂林做一番對比，可以歸納出下列的觀察結果：

(1) 兩人的氣質相當不同，展現的研究風格也相當不同。

(2) 兩人的思想都非常縝密細緻，不會明確斷言心靈超越機器，或者心靈就是機器。

(3) 葛代爾因為哲學的偏好，尤其是在晚年較傾向心靈有獨特性。

(4) 涂林是有實作經驗的數學家，特別是二戰時期破解密碼與戰後參與製造電腦的經驗，使他對電腦的潛力有非常大的冀望。

(5) 涂林機在操作方便性上優於葛代爾的論證方法，因此從涂林的理論出發，比較容易導出葛代爾不完備定理。

此外，我們也注意到涂林機的模式包含計算時間與儲存空間的因素，很自然導引出有關計算複雜度 (computational complexity) 的探討，對於計算機科學的基礎影響非常深遠。雖然在涂林之後，有各色各樣擴展可計算性的提議，但是基本上都還沒有跨越過涂林畫下的界線。

參考文獻

◆ Aaronson, Scott. (2013). *Quantum Computing since Democritus* (pp.33). Cambridge, England: Cambridge University Press.

◆ Boole, George. (2012). *Studies in Logic and Probability* (Reprint ed.) (pp. 273). Mineola, NY: Dover Publications.

◆ Church, Alonso. (1936). *A Note on the Entscheidungsproblem, J. of Symbolic Logic, 1* (pp. 41).

◆ Copeland, B. J., & Shagrir, O. (2013). Turing Versus Gödel on Computability and the Mind, In Copeland, Posy, Shagrir (Eds.), *Computability-Turing, Gödel, Church, and Beyond*. Cambridge, MA: MIT Press.

◆ Davis, Martin. (2000). *The Universal Computer: The Road from Leibniz to Turing* (pp. 164–165). New York, NY: W. W. Norton.

◆ Franzén, Torkel. (2005). *Gödel's Theorem: An incomplete Guide to Its Use and Abuse* (pp. 77). Natick, MA: A. K. Peters.

◆ Frege, Gottlob. (1903). *Grundgesetze der Arithmetik, II. Band* (pp. 253). Verlag von Herman Pohle.

◆ Gandy, R. (1996). Human Versus Mechanical Intelligence, in P. Millican and A. Clark (eds.), *Machines and Thoughts: The Legacy of Alan Turing, Vol. 1* (pp. 125). Clarendon.

◆ Gödel, Kurt. (1931). Über Formal Unentscheidbare Sätze der *Principia Mathematica* und Verwandter Systeme, *I. Monatshefte für Mathematik und Physik, 38*, 173–198.

◆ Hobbes, Thomas. (2010). *Leviathan: Or the Matter, Forme, and Power of a Common-Wealth Ecclesiasticall and Civill*, ed. by Ian Shapiro. New Haven, CT: Yale University Press .

◆ La Mettrie, Julien Offray de. (1748). *Machine Man and Other Writings*, ed. by Ann Thomson (1996). Cambridge, England: Cambridge University Press.

◆ Leibniz, G. W. (1666). Dissertatio de Arte Combinatoria, *Sämtliche Schriften und Briefe* (1923). Berlin, German: Akademie Verlag.

◆ Leibniz, G. W. (1685). The Art of Discovery, *Leibniz: Selections*, ed. by Philip Wiener (1951). New York, NY: Scribner.

◆ Lucas, John R. (1961). Minds, Machines, and Gödel. *Philosophy, 36*, 112–127.

◆ Penrose, Roger. (1989). *The Emperor's New Mind* (pp. 150, 153–154). Oxford, England: University Press.

◆ Rovelli, Carlo. (2015). *Seven Brief Lessons on Physics*. London, England: Penguin.

◆ Sokal, A., & Bricmont, J. (1988). *Fashionable Nonsense: Postmodern Intellectual Abuse of Science* (pp. 176). London, England: Picador.

◆ Turing, Alan. (1936–7). *On Computable Numbers, with an Application to the Entscheidungsproblem, Proceedings of the London Mathematical Society, Series 2, 42* (pp. 230–265). Errata appeared in Series 2, 43 (pp. 544–546).

◆ Turing, Alan. (1950). Computing Machinery and Intelligence. *Mind: A Quarterly Review of Psychology and Philosophy, LIX* (236), 433–460.

◆ Wang, Hao. (1974). *From Mathematics to Philosophy* (pp. 324–326). London, England: Routlege & Kegan Paul.

◆ Wang, Hao. (1987). *Reflections on Kurt Gödel* (pp. 197). Cambridge, MA: MIT Press.

附錄

📖 延伸書目

◆《大腦簡史：生物經過四十億年的演化，大腦是否已經超脫自私基因的掌控？》
謝伯讓，貓頭鷹，2016

◆《都是大腦搞的鬼：KO 生活大騙局，揭露行銷詭計、掌握社交祕技、搶得職場勝利。》
謝伯讓，時報出版，2015

◆《誰是我？意識的哲學與科學》
洪裕宏，時報出版，2016

◆《大腦比天空更遼闊：揭開大腦產生意識的謎底》
Gerald M. Edelman, *Wider Than the Sky: The Phenomenal Gift of Consciousness*, Yale University Press, 2005（蔡承志譯，商周出版，2009）

◆《大腦比你先知道》
Michael S. Gazzaniga, *The Mind's Past*, University of California Press, 2000（洪蘭譯，遠哲科學教育基金會，1999）

◆《巴夫洛夫的狗：50 個改變歷史的心理學實驗》
Adam Hart-Davis, *Pavlov's Dog: Groundbreaking Experiments in Psychology*, Metro Books, 2015（賈可笛譯，大石國際文化，2017）

《快思慢想》

Daniel Kahneman, *Thinking, fast and slow*, Farrar, Straus and Giroux, 2011

（洪蘭譯，天下文化，2018）

《我們真的有自由意志嗎？——意識、抉擇與背後的大腦科學》

Michael S. Gazzaniga, *Who's in Charge?: Free Will and the Science of the Brain*, Ecco, 2012（鍾沛君譯，貓頭鷹，2013）

《皇帝新腦》

Roger Penrose, *The Emperor's New Mind*, Oxford University Press, 1989

（許明賢、吳忠超譯，藝文印書館，1993）

《留心你的大腦：通往哲學與神經科學的殿堂（上）（下）》

Georg Northoff, *Minding the Brain: A Guide to Philosophy and Neuroscience*, Palgrave Macmillan, 2014（洪瑞璘譯，國立臺灣大學出版中心，2016）

《笛卡兒，拜拜：揮別傳統邏輯，重新看待推理、語言與溝通》

Keith Devlin, *Goodbye, Descartes*, Wiley, 1998（李國偉、饒偉力譯，天下文化，2000）

《萬種心靈》

Daniel C. Dennett, *Kinds of Minds: Towards an Understanding of Consciousness*, Basic Books, 1997（陳瑞清譯，天下文化，1997）

◆《夢的解析》

Sigmund Freud, *The Interpretation of Dreams*, Macmillan, 1913（南玉祥譯，海鴿
文化，2013）

◆《夢與瘋狂：解讀奇妙的意識狀態》

J. Allan Hobson, *The Chemistry of Conscious States: Toward a Unified Model of
the Brain and the Mind*, Little Brown & Co, 1996（朱芳琳譯，天下文化，1999）

◆《驚異的假說：克里克的「心」、「視」界》

Francis Crick, *The Astonishing Hypothesis: The Scientific Search for the Soul*,
Scribner, 1995（劉明勳譯，天下文化，1997）

◆《心智時間》

Benjamin Libet, *Mind time: The Temporal Factor in Consciousness*, Harvard
University Press, 2004

◆《心靈的影子》

Roger Penrose, *Shadows of the Mind*, Oxford University Press, 1994

◆《瘋狂的追尋》

Francis Crick, *What Mad Pursuit: A Personal View of Scientific Discovery*, Basic
Books, 1988

科普讀物

另一種鼓聲──科學筆記　高涌泉 著

◆ 100 本中文物理科普書籍推薦，科學人雜誌、
中央副刊書評、聯合報讀書人新書推薦

真理的確可能出現在流行的方向上，但是萬一真理
是在另一個方向……誰會去找到它呢？有時候，我
們是不是也該聽聽「另一種鼓聲」？瞧瞧一位喜歡
電影與棒球的物理學者筆下的牛頓、愛因斯坦、費
曼……，是如何發現他們偉大的創見！這些有趣的
故事，可是連作者在科學界的同事，也會覺得新鮮
有趣的咧！

武士與旅人──續科學筆記　高涌泉 著

◆ 第五屆吳大猷科普獎佳作

誰是武士？誰是旅人？不同的風格，湯川秀樹與朝
永振一郎是 20 世紀日本物理界的兩大巨人。對於
科學研究，朝永像是不敗的武士，如果沒有戰勝的
把握，便會等待下一場戰役，因此他贏得了所有的
戰役；至於湯川，就像是奔波於途的孤獨旅人，無
論戰役贏不贏得了，他都會迎上前去，相信最終會
尋得他的理想。本書作者長期從事科普創作，文字
風趣且富啟發性。在本書中，他娓娓道出多位科學
家的學術風格及彼此之間的互動，例如特胡夫特與
其老師維特曼之間微妙的師徒情結、愛因斯坦與波
耳在量子力學從未間斷的論戰……等，讓我們看到
風格的差異不僅呈現在其人際關係中，更影響了他
們在科學上的追尋探究之路。

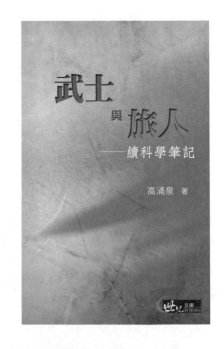

窺探天機──你所不知道的數學家

主編 洪萬生
作者 蘇惠玉　黃清揚　黃俊瑋　陳玉芬　陳政宏
　　　　林美杏　劉雅茵

我們所了解的數學家，往往跟他們的偉大成就連結在一起；但你可曾懷疑過，其實數學家也有著不為人知的一面？

不同於以往的傳記集，本書將帶領大家揭開數學家的神祕面貌！敘事的內容除了我們耳熟能詳的數學家外，也收錄了我們較為陌生卻也有著重大影響的數學家。

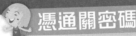